《建筑与市政工程抗震通用规范》
(GB 55002—2021)
条文解析与应用

罗开海　黄世敏　毋剑平　编著

地 震 出 版 社

图书在版编目（CIP）数据

建筑与市政工程抗震通用规范/罗开海，黄世敏，毋剑平编著.
—北京：地震出版社，2022.12
ISBN 978-7-5028-5516-1
Ⅰ.①建… Ⅱ.①罗… ②黄… ③毋… Ⅲ.①建筑结构—防震设计—设计规范—中国 ②市政工程—防震设计—设计规范—中国 Ⅳ.①TU352.104-65
中国版本图书馆 CIP 数据核字（2022）第 231580 号

地震版 XM5358/TU（6342）

《建筑与市政工程抗震通用规范》(GB 55002—2021) 条文解析与应用
罗开海 黄世敏 毋剑平 编著
责任编辑：王 伟
责任校对：凌 樱

出版发行：地 震 出 版 社
北京市海淀区民族大学南路 9 号　　邮编：100081
销售中心：68423031 68467991　　传真：68467991
总 编 办：68462709 68423029
编辑二部（原专业部）：68721991
http://seismologicalpress.com
E-mail：68721991@sina.com
经销：全国各地新华书店
印刷：河北文盛印刷有限公司

版（印）次：2022 年 12 月第一版 2022 年 12 月第一次印刷
开本：787×1092 1/16
字数：275 千字
印张：10.75
书号：ISBN 978-7-5028-5516-1
定价：80.00 元

序

2021 年 4 月 9 日住房和城乡建设部批准发布了工程建设标准《建筑与市政工程抗震通用规范》（GB 55002—2021），自 2022 年 1 月 1 日起实施。

该通用规范对加强建设工程抗震防灾工作的监督管理，保证建筑与市政工程的抗震质量，减轻地震破坏、人员伤亡和经济损失具有重要意义。其发布实施受到建设、勘察、设计和施工行业的普遍关注和高度重视，并将产生深远的影响。本书适时出版，对帮助建设行业的管理和技术人员准确理解和执行通用规范具有积极意义。

本书作者长期以来从事工程抗震科研和设计工作，具有扎实的理论功底和丰富的实践经验。而且作为该通用规范和相关建筑抗震设计标准的主要参编人员，了解规范编制的全过程，掌握着详细的背景资料，针对管理和技术人员的问题进行解答，经归纳总结写出本书，相信可以成为他们工作的重要参考和指南。

中国建筑科学研究院　王亚勇

2022 年 12 月　於北京

前　言

为落实国家关于深化标准化工作改革的总体部署，根据住房和城乡建设部建标函［2019］8号文件《关于印发2019年工程建设规范和标准编制及相关工作计划的通知》要求，由中国建筑科学研究院有限公司会同有关单位组成编制组，负责起草、编制《建筑与市政工程抗震通用规范》。

编制组在国家相关工程建设标准的基础上，总结实践经验，参考国外技术法规和标准，认真贯彻国家法规政策要求，广泛调研和征求意见，经上级部门组织审查后修改定稿，形成《建筑与市政工程抗震通用规范》（报批稿）。2021年4月9日，住房和城乡建设部发布公告（2021年第61号），批准《建筑与市政工程抗震通用规范》为国家标准，编号为GB 55002—2021，自2022年1月1日起实施。

《建筑与市政工程抗震通用规范》，对贯彻国家抗震防灾法律法规，加强抗震防灾工作的监督与管理，确保建筑与市政工程的抗震质量安全，减轻建筑与市政工程的地震破坏、避免人员伤亡、减少经济损失具有重要意义。

然而，由于工程抗震涉及的学科知识纷繁复杂，加之地震本身的复杂性和不确定性、建筑结构计算分析的不准确性等等，抗震技术标准包括《建筑与市政工程抗震通用规范》，其中的很多技术要求往往都是基于宏观震害和工程经验的概念性、原则性规定，掌握并合理应用，并不是一件容易的事情。

鉴于这一情况，作者依据在多年从事规范编制与管理工作中积累的经验、心得、体会，以及所掌握的规范编制资料，对《建筑与市政工程抗震通用规范》的主要条文进行讲解，包括条文起草的目的、来源、技术要点说明、实施注意事项，以及检查监督的事项和对象等，希望能够对读者准确理解、合理应用相关技术规定有所裨益。

限于作者的知识水平，书中难免由不足、不妥之处，敬请批评指正！

作者

2022年9月与北京

目　　录

第一篇　《通用规范》制定背景及简介

第二篇　条文解析篇

第一篇 《通用规范》制定背景及简介

《建筑与市政工程抗震通用规范》（GB 55002—2021）

——或称或简称：本规范、《通用规范》、《规范》、GB 55002—2021

第1章 标准化工作改革背景

1.1 国务院《深化标准化工作改革方案》简介

为落实《中共中央关于全面深化改革若干重大问题的决定》《国务院机构改革和职能转变方案》和《国务院关于促进市场公平竞争维护市场正常秩序的若干意见》（国发［2014］20号）关于深化标准化工作改革、加强技术标准体系建设的有关要求，国务院于2015年3月11日发布了《国务院关于印发深化标准化工作改革方案的通知》（国发［2015］13号），对全面深化标准化工作改革的必要性和紧迫性作出了全面、深刻的论述，并对改革的总体要求、改革措施、组织实施方案等作出了明确的规定。

1.1.1 改革的必要性和紧迫性

关于改革的必要性和紧迫性，《深化标准化工作改革方案》（以下简称《方案》）指出，从我国经济社会发展日益增长的需求来看，现行标准体系和标准化管理体制已不能适应社会主义市场经济发展的需要，甚至在一定程度上影响了经济社会发展：一是标准缺失、老化、滞后，难以满足经济提质增效升级的需求；二是标准交叉、重复、矛盾，不利于统一市场体系的建立；三是标准体系不够合理，不适应社会主义市场经济发展的要求；四是标准化协调推进机制不完善，制约了标准化管理效能提升。造成这些问题的根本原因是现行标准体系和标准化管理体制是20世纪80年代确立的，政府与市场的角色错位，市场主体活力未能充分发挥，既阻碍了标准化工作的有效开展，又影响了标准化作用的发挥，必须切实转变政府标准化管理职能，深化标准化工作改革。

1.1.2 改革的总体要求

关于改革的总体要求，《方案》强调，标准化工作改革，要紧紧围绕使市场在资源配置中起决定性作用和更好发挥政府作用，着力解决标准体系不完善、管理体制不顺畅、与社会主义市场经济发展不适应问题，改革标准体系和标准化管理体制，改进标准制定工作机制，强化标准的实施与监督，更好发挥标准化在推进国家治理体系和治理能力现代化中的基础性、战略性作用，促进经济持续健康发展和社会全面进步。

改革的基本原则：一是坚持简政放权、放管结合。把该放的放开放到位，培育发展团体标准，放开搞活企业标准，激发市场主体活力；把该管的管住管好，强化强制性标准管理，保证公益类推荐性标准的基本供给。二是坚持国际接轨、适合国情。借鉴发达国家标准化管理的先进经验和做法，结合我国发展实际，建立完善具有中国特色的标准体系和标准化管理体制。三是坚持统一管理、分工负责。既发挥好国务院标准化主管部门的综合协调职责，又充分发挥国务院各部门在相关领域内标准制定、实施及监督的作用。四是坚持依法行政、统筹推进。加快标准化法治建设，做好标准化重大改革与标准化法律法规修改完善的有机衔接；合理统筹改革优先领域、关键环节和实施步骤，通过市场自主制定标准的增量带动现行标准的存量改革。

改革的总体目标：建立政府主导制定的标准与市场自主制定的标准协同发展、协调配套的新型标准体系，健全统一协调、运行高效、政府与市场共治的标准化管理体制，形成政府引导、市场驱动、社会参与、协同推进的标准化工作格局，有效支撑统一市场体系建设，让标准成为对质量的“硬约束”，推动中国经济迈向中高端水平。

1.1.3 改革措施

通过改革，把政府单一供给的现行标准体系，转变为由政府主导制定的标准和市场自主制定的标准共同构成的新型标准体系。政府主导制定的标准由 6 类整合精简为 4 类，分别是强制性国家标准和推荐性国家标准、推荐性行业标准、推荐性地方标准；市场自主制定的标准分为团体标准和企业标准。政府主导制定的标准侧重于保基本，市场自主制定的标准侧重于提高竞争力。同时建立完善与新型标准体系配套的标准化管理体制。

(1) 建立高效权威的标准化统筹协调机制。建立由国务院领导同志为召集人、各有关部门负责同志组成的国务院标准化协调推进机制，统筹标准化重大改革，研究标准化重大政策，对跨部门跨领域、存在重大争议标准的制定和实施进行协调。国务院标准化协调推进机制日常工作由国务院标准化主管部门承担。

(2) 整合精简强制性标准。在标准体系上，逐步将现行强制性国家标准、行业标准和地方标准整合为强制性国家标准。在标准范围上，将强制性国家标准严格限定在保障人身健康和生命财产安全、国家安全、生态环境安全和满足社会经济管理基本要求的范围之内。在标准管理上，国务院各有关部门负责强制性国家标准项目提出、组织起草、征求意见、技术审查、组织实施和监督；国务院标准化主管部门负责强制性国家标准的统一立项和编号，并按照世界贸易组织规则开展对外通报；强制性国家标准由国务院批准发布或授权批准发布。强化依据强制性国家标准开展监督检查和行政执法。免费向社会公开强制性国家标准文本。建立强制性国家标准实施情况统计分析报告制度。

法律法规对标准制定另有规定的，按现行法律法规执行。环境保护、工程建设、医药卫生强制性国家标准、强制性行业标准和强制性地方标准，按现有模式管理。安全生产、公安、税务标准暂按现有模式管理。核、航天等涉及国家安全和秘密的军工领域行业标准，由国务院国防科技工业主管部门负责管理。

(3) 优化完善推荐性标准。在标准体系上，进一步优化推荐性国家标准、行业标准、地方标准体系结构，推动向政府职责范围内的公益类标准过渡，逐步缩减现有推荐性标准的数量和规模。在标准范围上，合理界定各层级、各领域推荐性标准的制定范围，推荐性国家标准重点制定基础通用、与强制性国家标准配套的标准；推荐性行业标准重点制定本行业领域的重要产品、工程技术、服务和行业管理标准；推荐性地方标准可制定满足地方自然条件、民族风俗习惯的特殊技术要求。在标准管理上，国务院标准化主管部门、国务院各有关部门和地方政府标准化主管部门分别负责统筹管理推荐性国家标准、行业标准和地方标准制修订工作。充分运用信息化手段，建立制修订全过程信息公开和共享平台，强化制修订流程中的信息共享、社会监督和自查自纠，有效避免推荐性国家标准、行业标准、地方标准在立项、制定过程中的交叉重复矛盾。简化制修订程序，提高审批效率，缩短制修订周期。推动免费向社会公开公益类推荐性标准文本。建立标准实施信息反馈和评估机制，及时开展标准复审和维护更新，有效解决标准缺失滞后老化问题。加强标准化技术委员会管理，提高广泛性、代表性，保证标准制定的科学性、公正性。

(4) 培育发展团体标准。在标准制定主体上，鼓励具备相应能力的学会、协会、商会、联合会等社会组织和产业技术联盟协调相关市场主体共同制定满足市场和创新需要的标准，供市场自愿选用，增加标准的有效供给。在标准管理上，对团体标准不设行政许可，由社会组织和产业技术联盟自主制定发布，通过市场竞争优胜劣汰。国务院标准化主管部门会同国务院有关部门制定团体标准发展指导意见和标准化良好行为规范，对团体标准进行必要的规范、引导和监督。在工作推进上，选择市场化程度高、技术创新活跃、产品类标准较多的领域，先行开展团体标准试点工作。支持专利融入团体标准，推动技术进步。

(5) 放开搞活企业标准。企业根据需要自主制定、实施企业标准。鼓励企业制定高于国家标准、行业标准、地方标准，具有竞争力的企业标准。建立企业产品和服务标准自我声明公开和监督制度，逐步取消政府对企业产品标准的备案管理，落实企业标准化主体责任。鼓励标准化专业机构对企业公开的标准开展比对和评价，强化社会监督。

(6) 提高标准国际化水平。鼓励社会组织和产业技术联盟、企业积极参与国际标准化活动，争取承担更多国际标准组织技术机构和领导职务，增强话语权。加大国际标准跟踪、评估和转化力度，加强中国标准外文版翻译出版工作，推动与主要贸易国之间的标准互认，推进优势、特色领域标准国际化，创建中国标准品牌。结合海外工程承包、重大装备设备出口和对外援建，推广中国标准，以中国标准“走出去”带动我国产品、技术、装备、服务“走出去”。进一步放宽外资企业参与中国标准的制定。

1.1.4 组织实施

坚持整体推进与分步实施相结合，按照逐步调整、不断完善的方法，协同有序推进各项改革任务。标准化工作改革分三个阶段实施。

第一阶段（2015~2016 年），积极推进改革试点工作。

第二阶段（2017~2018 年），稳妥推进向新型标准体系过渡。

第三阶段（2019~2020 年），基本建成结构合理、衔接配套、覆盖全面、适应经济社会发展需求的新型标准体系。

1.2 《标准化法》修订说明

1.2.1 修订的必要性

1989 年施行的《中华人民共和国标准化法》（以下称《89 标法》）对提升产品质量、促进技术进步和经济发展发挥了重要作用。随着我国国民经济和社会事业的发展，《89 标法》确立的标准体系和管理措施已不能完全适应实际需要：一是标准范围过窄，主要限于工业产品、工程建设和环保要求，难以满足经济提质增效升级需求；二是强制性标准制定主体分散，范围过宽，内容交叉重复矛盾，不利于建立统一市场体系；三是标准体系不够合理，政府主导制定标准过多，对团体、企业等市场主体自主制定标准限制过严，导致标准有效供给不足；四是标准化工作机制不完善，制约了标准化管理效能提升，不利于加强事中事后监管。

为解决实践中的突出问题，更好地发挥标准对经济持续健康发展和社会全面进步的促进作用，全国人大常委会将《89 标法》的修订列入十二届全国人大常委会立法规划的第一类项目。根据国务院印发的《深化标准化工作改革方案》（国发［2015］13 号，以下简称《改革方案》）中提出的改革标准体系和标准化管理体制，改进标准制定工作机制，强化标准的实施与监督，加快推进《89 标法》修订工作，确保改革于法有据等要求，质检总局起草了《中华人民共和国标准化法修正案》（送审稿），于 2015 年 7 月上报国务院。收件后，法制办征求了有关行政主管部门、地方人民政府、行业协会、企业和专家意见，公开征求社会意见，并赴地方调研，根据意见反馈和调研情况，会同质检总局对送审稿进行反复研究修改，形成了《中华人民共和国标准化法（修订草案）》（以下简称修订草案）。修订草案于 2017 年 2 月 22 日国务院第 165 次常务会议讨论通过，2017 年 11 月 4 日第十二届全国人民代表大会常务委员会第三十次会议修订通过，自 2018 年 1 月 1 日起实施。

1.2.2 修订的主要内容

修订《89 标法》的总体考虑：重点是严格落实《改革方案》要求，为改革提供法律依据和制度保障，同时兼顾实践中已有成熟经验且各有关部门形成共识的做法。

据此，对《89 标法》主要作了以下修改：

（1）适应经济社会发展需要，扩大标准制定范围。为更好发挥标准的基础性、战略性作用，将制定标准的范围由《89 标法》规定的工业产品、工程建设和环保领域扩大到农业、工业、服务业以及社会事业等领域。(第二条第一款)

（2）整合强制性标准，防止强制性标准过多过滥。根据《改革方案》要求，作了以下规定：一是将现行强制性国家标准、行业标准和地方标准整合为强制性国家标准，并将强制性国家标准范围严格限定为保障人身健康和生命财产安全、国家安全、生态环境安全以及满足社会经济管理基本需要的技术要求，取消强制性行业标准、地方标准（第九条第一款）。二是明确国务院标准化行政主管部门负责强制性国家标准的立项、编号和对外通报；国务院有关行政主管部门依据职责负责强制性国家标准的项目提出、组织起草、征求意见和技术审查（第九条第二款、第三款）。三是为统筹管理强制性国家标准，增强其权威性，规定强制性国家标准由国务院批准发布或者授权批准发布（第九条第四款）。四是建立国务院标准化协调机制，统筹推进标准化重大改革，研究标准化重大政策，对跨部门跨领域、存在重大争议标准的制定和实施进行协调（第五条第一款）。

（3）增加标准有效供给，满足市场需求。为解决标准老化缺失滞后的问题，一是进一步明确国务院标准化行政主管部门、国务院有关行政主管部门、地方人民政府标准化行政主管部门分别制定推荐性国家标准、行业标准、地方标准的职责（第十条第二款、第十一条、

第十二条第二款)。二是为保障标准能够切实反映市场需求，规定制定强制性标准和推荐性标准，应当在立项时对有关行政主管部门、企业、社会团体等方面的实际需求进行调查，按照便捷有效的原则采取多种方式征求意见。对国民经济、社会发展急需的标准项目，国务院标准化行政主管部门、有关行政主管部门应当优先立项，确定完成期限（第十七条第一款、第十五条)。三是为满足地方标准化工作的实际需要，将地方标准制定权下放到设区的市、自治州。规定设区的市、自治州人民政府标准化行政主管部门根据本行政区域的特殊需要，经所在地省、自治区、直辖市人民政府标准化行政主管部门批准，可以制定本行政区域的地方标准（第十二条第二款)。四是激发市场主体活力，鼓励团体、企业自主制定标准。增加规定依法成立的社会团体可以制定团体标准；企业可以根据需要自行制定企业标准（第十三条第一款、第十四条第一款)。

(4）构建协调统一的标准体系，确保各类标准之间衔接配套。一是厘清政府主导制定的三类推荐性标准的关系。规定推荐性国家标准是为满足基础通用、与强制性国家标准配套、对各有关行业起引领作用等需要制定的国家标准。对没有推荐性国家标准、需要在全国某个行业范围内统一的技术要求，可以制定行业标准；为满足地方自然条件、风俗习惯等特殊技术要求，可以制定地方标准（第十条第一款、第十一条、第十二条第一款)。二是明确各类标准的层级定位。规定推荐性国家标准、行业标准的技术要求不得低于强制性国家标准的相关技术要求；地方标准、团体标准、企业标准的技术要求不得低于强制性标准的相关技术要求（第十九条)。三是为更好地发挥标准对国民经济和社会发展的促进作用，明确强制性标准应当公开，供社会公众免费查阅。国家推动免费向社会公开推荐性标准（第十七条第二款)。四是建立标准实施信息反馈机制。规定国务院标准化行政主管部门和国务院有关行政主管部门、设区的市级以上地方人民政府标准化行政主管部门应当对其制定的标准定期进行评估、复审。复审结果应当作为标准修订、废止的依据（第二十五条第一款)。

(5）完善标准化工作机制，强化事中事后监管。一是建立企业产品或者服务标准自我声明公开制度，取代现行企业产品标准备案要求，降低企业因向多个主管部门分别备案所增加的成本（第二十二条)。二是规定县级以上人民政府标准化行政主管部门、有关行政主管部门依据法定职责，对标准的制定、实施进行监督检查（第二十七条)。三是在法律责任中增加信用惩戒措施，规定企业未通过企业标准信息公共服务平台公开其执行的产品标准或者公开标准弄虚作假的，由标准化行政主管部门责令改正，并在企业标准信息公共服务平台向社会公示（第三十四条)。

1.3 住建部《关于深化工程建设标准化工作改革的意见》

为落实《国务院关于印发深化标准化工作改革方案的通知》(国发［2015］13号)，进一步改革工程建设标准体制、健全标准体系、完善工作机制，住房和城乡建设部于2016年8月9日发布了《关于深化工程建设标准化工作改革的意见》(建标［2016］166号)，对工程建设领域的标准化工作改革作出了统筹安排，并对改革的总体要求、任务、保障措施等作出规定。以下为该文件的主要内容：

我国工程建设标准（以下简称标准）经过60余年发展，国家、行业和地方标准已达

7000余项，形成了覆盖经济社会各领域、工程建设各环节的标准体系，在保障工程质量安全、促进产业转型升级、强化生态环境保护、推动经济提质增效、提升国际竞争力等方面发挥了重要作用。但与技术更新变化和经济社会发展需求相比，仍存在着标准供给不足、缺失滞后，部分标准老化陈旧、水平不高等问题，需要加大标准供给侧改革，完善标准体制机制，建立新型标准体系。

1.3.1 改革的总体要求

1. 指导思想

贯彻落实党的十八大和十八届二中、三中、四中、五中全会精神，按照《国务院关于印发深化标准化工作改革方案的通知》（国发［2015］13号）等有关要求，借鉴国际成熟经验，立足国内实际情况，在更好发挥政府作用的同时，充分发挥市场在资源配置中的决定性作用，提高标准在推进国家治理体系和治理能力现代化中的战略性、基础性作用，促进经济社会更高质量、更有效率、更加公平、更可持续发展。

2. 基本原则

（1）坚持放管结合。转变政府职能，强化强制性标准，优化推荐性标准，为经济社会发展“兜底线、保基本”。培育发展团体标准，搞活企业标准，增加标准供给，引导创新发展。

（2）坚持统筹协调。完善标准体系框架，做好各领域、各建设环节标准编制，满足各方需求。加强强制性标准、推荐性标准、团体标准，以及各层级标准间的衔接配套和协调管理。

（3）坚持国际视野。完善标准内容和技术措施，提高标准水平。积极参与国际标准化工作，推广中国标准，服务我国企业参与国际竞争，促进我国产品、装备、技术和服务输出。

3. 总体目标

标准体制适应经济社会发展需要，标准管理制度完善、运行高效，标准体系协调统一、支撑有力。按照政府制定强制性标准、社会团体制定自愿采用性标准的长远目标，到2020年，适应标准改革发展的管理制度基本建立，重要的强制性标准发布实施，政府推荐性标准得到有效精简，团体标准具有一定规模。到2025年，以强制性标准为核心、推荐性标准和团体标准相配套的标准体系初步建立，标准有效性、先进性、适用性进一步增强，标准国际影响力和贡献力进一步提升。

1.3.2 改革的任务要求

1. 改革强制性标准

加快制定全文强制性标准，逐步用全文强制性标准取代现行标准中分散的强制性条文。新制定标准原则上不再设置强制性条文。

强制性标准具有强制约束力，是保障人民生命财产安全、人身健康、工程安全、生态环境安全、公众权益和公共利益，以及促进能源资源节约利用、满足社会经济管理等方面的控制性底线要求。强制性标准项目名称统称为技术规范。

技术规范分为工程项目类和通用技术类。工程项目类规范，是以工程项目为对象，以总量规模、规划布局，以及项目功能、性能和关键技术措施为主要内容的强制性标准。通用技术类规范，是以技术专业为对象，以规划、勘察、测量、设计、施工等通用技术要求为主要内容的强制性标准。

2. 构建强制性标准体系

强制性标准体系框架，应覆盖各类工程项目和建设环节，实行动态更新维护。体系框架由框架图、项目表和项目说明组成。框架图应细化到具体标准项目，项目表应明确标准的状态和编号，项目说明应包括适用范围、主要内容等。

国家标准体系框架中未有的项目，行业、地方根据特点和需求，可以编制补充性标准体系框架，并制定相应的行业和地方标准。国家标准体系框架中尚未编制国家标准的项目，可先行编制行业或地方标准。国家标准没有规定的内容，行业标准可制定补充条款。国家标准、行业标准或补充条款均没有规定的内容，地方标准可制定补充条款。

制定强制性标准和补充条款时，通过严格论证，可以引用推荐性标准和团体标准中的相关规定，被引用内容作为强制性标准的组成部分，具有强制效力。鼓励地方采用国家和行业更高水平的推荐性标准，在本地区强制执行。

强制性标准的内容，应符合法律和行政法规的规定但不得重复其规定。

3. 优化完善推荐性标准

推荐性国家标准、行业标准、地方标准体系要形成有机整体，合理界定各领域、各层级推荐性标准的制定范围。要清理现行标准，缩减推荐性标准数量和规模，逐步向政府职责范围内的公益类标准过渡。

推荐性国家标准重点制定基础性、通用性和重大影响的专用标准，突出公共服务的基本要求。推荐性行业标准重点制定本行业的基础性、通用性和重要的专用标准，推动产业政策、战略规划贯彻实施。推荐性地方标准重点制定具有地域特点的标准，突出资源禀赋和民俗习惯，促进特色经济发展、生态资源保护、文化和自然遗产传承。

推荐性标准不得与强制性标准相抵触。

4. 培育发展团体标准

改变标准由政府单一供给模式，对团体标准制定不设行政审批。鼓励具有社团法人资格和相应能力的协会、学会等社会组织，根据行业发展和市场需求，按照公开、透明、协商一致原则，主动承接政府转移的标准，制定新技术和市场缺失的标准，供市场自愿选用。

团体标准要与政府标准相配套和衔接，形成优势互补、良性互动、协同发展的工作模式。要符合法律、法规和强制性标准要求。要严格团体标准的制定程序，明确制定团体标准的相关责任。

团体标准经合同相关方协商选用后，可作为工程建设活动的技术依据。鼓励政府标准引用团体标准。

5. 全面提升标准水平

增强能源资源节约、生态环境保护和长远发展意识，妥善处理好标准水平与固定资产投资的关系，更加注重标准先进性和前瞻性，适度提高标准对安全、质量、性能、健康、节能等强制性指标要求。

要建立倒逼机制，鼓励创新，淘汰落后。通过标准水平提升，促进城乡发展模式转变，提高人居环境质量；促进产业转型升级和产品更新换代，推动中国经济向中高端发展。

要跟踪科技创新和新成果应用，缩短标准复审周期，加快标准修订节奏。要处理好标准编制与专利技术的关系，规范专利信息披露、专利实施许可程序。要加强标准重要技术和关键性指标研究，强化标准与科研互动。

根据产业发展和市场需求，可制定高于强制性标准要求的推荐性标准，鼓励制定高于国家标准和行业标准的地方标准，以及具有创新性和竞争性的高水平团体标准。鼓励企业结合自身需要，自主制定更加细化、更加先进的企业标准。企业标准实行自我声明，不需报政府备案管理。

6. 强化标准质量管理和信息公开

要加强标准编制管理，改进标准起草、技术审查机制，完善政策性、协调性审核制度，规范工作规则和流程，明确工作要求和责任，避免标准内容重复矛盾。对同一事项做规定的，行业标准要严于国家标准，地方标准要严于行业标准和国家标准。

充分运用信息化手段，强化标准制修订信息共享，加大标准立项、专利技术采用等标准编制工作透明度和信息公开力度，严格标准草案网上公开征求意见，强化社会监督，保证标准内容及相关技术指标的科学性和公正性。

完善已发布标准的信息公开机制，除公开出版外，要提供网上免费查询。强制性标准和推荐性国家标准，必须在政府官方网站全文公开。推荐性行业标准逐步实现网上全文公开。团体标准要及时公开相关标准信息。

7. 推进标准国际化

积极开展中外标准对比研究，借鉴国外先进技术，跟踪国际标准发展变化，结合国情和经济技术可行性，缩小中国标准与国外先进标准技术差距。标准的内容结构、要素指标和相关术语等，要适应国际通行做法，提高与国际标准或发达国家标准的一致性。

要推动中国标准“走出去”，完善标准翻译、审核、发布和宣传推广工作机制，鼓励重要标准与制修订同步翻译。加强沟通协调，积极推动与主要贸易国和“一带一路”沿线国家之间的标准互认、版权互换。

鼓励有关单位积极参加国际标准化活动，加强与国际有关标准化组织交流合作，参与国际标准化战略、政策和规则制定，承担国际标准和区域标准制定，推动我国优势、特色技术标准成为国际标准。

1.3.3 保障措施

1. 强化组织领导

各部门、各地方要高度重视标准化工作，结合本部门、本地区改革发展实际，将标准化工作纳入本部门、本地区改革发展规划。要完善统一管理、分工负责、协同推进的标准化管理体制，充分发挥行业主管部门和技术支撑机构作用，创新标准化管理模式。要坚持整体推进与分步实施相结合，逐步调整、不断完善，确保各项改革任务落实到位。

2. 加强制度建设

各部门、各地方要做好相关文件清理，有计划、有重点地调整标准化管理规章制度，加强政策与前瞻性研究，完善工作机制和配套措施。积极配合《标准化法》等相关法律法规修订，进一步明确标准法律地位，明确标准管理相关方的权利、义务和责任。要加大法律法规、规章、政策引用标准力度，充分发挥标准对法律法规的技术支撑和补充作用。

3. 加大资金保障

各部门、各地方要加大对强制性和基础通用标准的资金支持力度，积极探索政府采购标准编制服务管理模式，严格资金管理，提高资金使用效率。要积极拓展标准化资金渠道，鼓励社会各界积极参与支持标准化工作，在保证标准公正性和不损害公共利益的前提下，合理采用市场化方式筹集标准编制经费。

第 2 章 《通用规范》制定简介

2.1 工作背景与任务来源

为落实《中共中央关于全面深化改革若干重大问题的决定》《国务院机构改革和职能转变方案》和《国务院关于促进市场公平竞争维护市场正常秩序的若干意见》(国发［2014］20 号) 关于深化标准化工作改革、加强技术标准体系建设的有关要求，国务院于 2015 年 3 月 11 日发布了《国务院关于印发深化标准化工作改革方案的通知》(国发［2015］13 号)，对全面深化标准化工作改革的必要性和紧迫性作出了全面、深刻的论述，并对改革的总体要求、改革措施、组织实施方案等作出了明确的规定。

为落实《国务院关于印发深化标准化工作改革方案的通知》(国发［2015］13 号)，进一步改革工程建设标准体制、健全标准体系、完善工作机制，住房和城乡建设部于 2016 年 8 月 9 日发布了《关于深化工程建设标准化工作改革的意见》(建标［2016］166 号)，对工程建设领域的标准化工作改革作出了统筹安排，并对改革的总体要求、任务、保障措施等作出规定。按照住房和城乡建设部有关标准化改革工作的安排，城乡建设部分拟设强制性标准 38 项 (后期变更为 39 项)，以代替目前散落在各本标准中的强制性条文，其中，《建筑与市政工程抗震通用规范》属于通用技术类强制性标准之一。

根据《住房城乡建设部关于印发 2017 年工程建设标准规范制修订及相关工作计划的通知》(建标［2016］248 号) 的要求，工程建设强制性标准《建筑与市政工程抗震技术规范》列入 2017 研编计划，中国建筑科学研究院为第一起草单位，会同有关单位开展研编工作。根据《住房城乡建设部标准定额司关于印发〈工程建设规范研编工作指南〉的通知》(建标标函［2018］31 号) 要求，《建筑与市政工程抗震技术规范》的名称变更为《建筑与市政工程抗震通用规范》。

根据《住房和城乡建设部关于印发 2019 年工程建设规范和标准编制及相关工作计划的通知》(建标函［2019］8 号) 要求，《建筑与市政工程抗震通用规范》以列入《2019 年工程建设规范和标准编制及相关工作计划》。

2.2 制定过程简介

自 2016 年 12 月 27 日研编组成立开始，至 2021 年 4 月 9 日正式发布止，《建筑与市政工程抗震通用规范》先后经历了研编和编制两个阶段，历时 4 年半左右，3 次面向全国公开征求意见，召开各类工作会议 20 余次，在广泛征求各方面意见的基础上，全体编制组成员认真研究与讨论，反复修改、完善后定稿。以下为《通用规范》制定过程的简要介绍。

1. 研编组成立暨第一次工作会议

研编组成立暨第一次工作会议于2016年12月27日在北京召开。参加会议的有住房和城乡建设部标准定额司标准规范处、工程质量安全监管司抗震防灾处、住房和城乡建设部标准定额研究所的主管领导，中国建筑科学研究院和住房和城乡建设部建筑结构标准化技术委员会有关领导等。研编组全体成员参加了会议。研编负责人黄世敏研究员代表编制组介绍了研编大纲（草案），并就立项背景、研编单位与研编组的组成、《通用规范》框架草案、工作分工以及进度安排等方面作了详细介绍。与会代表对研编大纲（草案），进行了认真的讨论，经过修改完善，形成并通过了国家标准《建筑与市政工程抗震技术规范》研编大纲，对研编工作的思路、要求、任务分工和进度控制作出了明确规定和安排。

2. 研编组第二次工作会议

2017年6月7日，研编组第二次会议在北京召开，与会的有住房和城乡建设部标准定额研究所的主要领导和全体研编组成员。会上，黄世敏研究员代表研编组作了《国家标准〈建筑与市政抗震技术规范〉研编工作交流汇报》报告，从国家标准化工作改革的形势需求和欧洲标准化统一进程两个方面对规范草案的编制原则作了说明，并对规范的覆盖范围和初稿的章节安排作了详细介绍。罗开海研究员作了《国家标准〈建筑与市政抗震技术规范〉初稿编制说明》的报告，逐条介绍了条文设置的目的、必要性以及与现行相关标准的关系等。会议对规范草案的编制原则和章节安排进行了重点讨论并形成了一致意见。

3. 相关规范研编协调会

2017年6月20日和8月3日，住房和城乡建设部标准定额司先后于银龙苑宾馆和中国建筑科学研究院组织召开了建筑结构相关技术规范研编工作会议，就《结构作用与可靠性设计》《建筑与市政工程抗震技术规范》《混凝土技术规范》《钢结构技术规范》《木结构技术规范》《组合结构技术规范》《砌体结构技术规范》《既有建筑鉴定与加固技术规范》等8本规范的编写体例和主要技术内容进行协调部署。根据两次会议研讨结果，关于《建筑与市政工程抗震技术规范》的决定有：①关于任务分工，《建筑与市政工程抗震技术规范》主要以抗震共性规定、结构体系以及构件构造原则性要求为主，构件层面的细部抗震构造要求则由相关专业技术规范进行具体规定；②关于章节体例进行如下调整，有关抗震措施的规定，按照建筑工程和市政工程进行归类，增加城镇抗震防灾规划相关内容，术语和符号统一纳入附录。调整后，《建筑与市政工程抗震技术规范（草案）》共7章、1个附录。

4. 研编中期评估

2017年12月12~14日，住房和城乡建设部标准定额研究所在北京组织召开了“住房城乡建设领域工程建设规范编制、研编工作中期评估会议”，对规范结构、编写体例、规范内容以及各规范之间的协调性进行评估，并根据评估结果对后续研编工作安排进行适当调整。按照中期评估后的工作安排，通用技术类规范的名称统一为《×××通用规范》，关于《建筑与市政工程抗震技术规范》的具体意见是：①章节体例编排基本合理；②第3的城镇抗震防灾规划部分应纳入第二章的基本规定；③第6.9节的房屋隔震与减震应纳入第6.1节的一般规定；④第6章增加组合结构、木结构的专门规定；⑤第7.3节的地下建筑应并入第6章建筑工程。调整后，《建筑与市政工程抗震通用规范（草案）》共6章、1个附录。

5. 研编征求意见

2018 年 4 月 20 日至 5 月 25 日，住房和城乡建设部标准定额司组织开展了城乡建设领域 39 项工程规范集中函审和征求意见工作，《建筑与市政工程抗震通用规范》共收到各研编/编制组或个人反馈意见和建议 369 条，经研编组逐条分析、研究，采纳 209 条，部分采纳 54 条，不采纳 106 条。根据函审反馈意见，对《建筑与市政工程抗震通用规范》(征求意见稿) 进行了修改和完善，形成了《建筑与市政工程抗震通用规范 (草案)》(验收稿)。

6. 研编验收会议

2018 年 9 月 6 日，住房和城乡建设部标准定额研究所在北京组织召开了《建筑与市政工程抗震通用规范》研编工作验收会议。会议对《建筑与市政工程抗震通用规范》研编组的工作和成果给予了充分的肯定，研编工作通过验收。同时，会议对《建筑与市政工程抗震通用规范 (草案)》(验收稿) 提出了若干意见和建议。

7. 研编成果报送

2018 年 9~11 月，研编组根据验收会议的意见和建议，并与各相关《通用规范》协调，对《建筑与市政工程抗震通用规范 (草案)》(验收稿) 进行了修改和完善，形成了《建筑与市政工程抗震通用规范 (草案)》(报送稿)，并于 2018 年 11 月 30 日前将《建筑与市政工程抗震通用规范 (草案)》《研编工作报告》《研编专题报告》等成果资料报送住房和城乡建设部标准定额司。

8. 编制工作启动及第一次征求意见

根据建标函 [2019] 8 号文件的要求，《建筑与市政工程抗震通用规范》在完成研编工作的同时，直接启动编制工作。根据《住房和城乡建设部办公厅关于征求〈城乡给排水工程项目规范〉等 38 项住房和城乡建设领域全文强制性工程建设规范意见的函》(建办标函 [2019] 96 号)，2019 年 2 月 2 日至 3 月 15 日，《建筑与市政工程抗震通用规范》(征求意见稿) 等 38 本工程规范进行公开征求意见，其中，关于《建筑与市政工程抗震通用规范》(征求意见稿) 的反馈意见共收集到 96 条，经研编组逐条分析、研究，采纳 44 条，部分采纳 22 条，不采纳 30 条。根据反馈意见，对《建筑与市政工程抗震通用规范》(征求意见稿) 进行了修改和完善，形成了《建筑与市政工程抗震通用规范》(征求意见修改稿)。

9. 编制第二次征求意见

2019 年 8 月 30 日，住房和城乡建设部办公厅再次发布了《住房和城乡建设部办公厅关于再次征求〈城乡给水工程项目规范〉等住房和城乡建设领域全文强制性工程建设规范意见的函》(建办标函 [2019] 492 号)，对 40 本相关工程建设规范的《征求意见修改稿》再次公开征求意见，时限为 2019 年 8 月 30 日至 10 月 15 日。在此期间，住房和城乡建设部标准定额研究所于 2019 年 9 月 25 日在北京组织召开了"《建筑与市政工程抗震通用规范》等 8 项结构工程规范协调会"，就相关规范的协调与分工问题进行了深入研究。

10. 送审稿初稿专题研讨会

根据上级部门关于通用技术规范审查工作的部署要求，同时，为了进一步征求、落实各方面专家的意见和建议，2020 年 7 月 6 日编制组组织召开了"《建筑与市政工程抗震通用规范》(送审稿初稿) 视频研讨会"，会议邀请了聂建国院士、范重等部分全国勘察设计大师以及李爱群等部分知名抗震专家参与研究讨论。与会专家学者对《通用规范》的编制原则、架构体系以及具体条款规定内容等进行了充分、详细的讨论，共收集到反馈意见和建议 178 条，经编制组逐条分析、研究，采纳 115 条，部分采纳 19 条，不采纳 44 条。根据反馈意见，编制组对《建筑与市政工程抗震通用规范》（送审稿初稿）进行了修改和完善，形成了《建筑与市政工程抗震通用规范》（送审稿修改稿）。

11. 送审稿定稿工作会

为了进一步完善《建筑与市政工程抗震通用规范》（送审稿），2020 年 8 月 17 日召开了全体编制组的视频工作会议，按照"原则性要求宜粗不宜细、底线控制松紧适度"的原则，对《建筑与市政工程抗震通用规范》（送审稿修改稿）进行逐条研究和深入讨论，并提出了针对性修改方案。会后，统稿组进行进一步的修改和完善，形成了《建筑与市政工程抗震通用规范》（送审稿）。

12. 送审稿审查会

《建筑与市政工程抗震通用规范》（送审稿）审查会于 2020 年 8 月 28 日至 9 月 3 日以函审和会审相结合的方式召开。住房和城乡建设部标准定额司、工程质量安全监管司、标准定额研究所及审查专家、编制组部分成员通过现场和视频的形式参加了会议。会议成立了以聂建国院士为主任委员、范重为副主任委员的审查专家组。审查专家组认真听取了编制组对规范编制的介绍及函审意见的处理情况，按照部标准定额司规定的审查要求对规范内容进行了全面审查。

13. 报批稿

根据"《建筑与市政工程抗震通用规范》（送审稿）审查会会议纪要"，编制组对《通用规范》（送审稿）进行了进一步的修改和完善，形成了《建筑与市政工程抗震通用规范》（报批稿）。

第 3 章 《通用规范》的主要内容与基本特点

3.1 主要内容

《建筑与市政工程抗震通用规范》属于工程规范体系框架中的通用技术类规范，主要规定了建筑与市政工程抗震的功能、性能要求，以及满足抗震功能和性能要求的通用技术措施，包括抗震防灾规划、工程选址、岩土勘察、地基基础抗震、地震作用计算与抗震验算、各类建筑与市政工程抗震措施以及工程材料与施工的特殊要求等工程建设中的技术和管理要求，规范条文涵盖了建筑与市政抗御地震灾害各环节的技术规定，形成了完整的技术链条。

《通用规范》是 6 度及以上地区各类新建、改建、扩建建筑与市政工程抗震设防的基本要求，是建筑与市政工程抗震防灾的通用技术规范，也是全社会必须遵守的强制性技术规定，共 6 章、20 节，条文总数 105 条，由现行工程建设相关标准的 336 条（或节）精简改编而来，其中纳入了现行强制性条文 143 条，全面覆盖了现行强制性条文的内容。

3.2 基本特点

《通用规范》贯彻落实了国家防灾减灾的法律法规，符合改革和完善工程建设标准体系精神，是我国进行建设工程抗震防灾监督与管理工作的重要技术支撑，也是各类建筑与市政工程地震安全的基本技术保障，也是全社会必须遵守的强制性技术规定。

《通用规范》共 6 章 20 节 105 条，主要规定了建筑与市政工程抗震的目标要求，以及满足抗震功能和性能要求的通用技术措施。目标要求上，《通用规范》以保障抗震质量安全、减轻建筑与市政工程的地震破坏程度、避免人员伤亡、减少经济损失为目标，以落实“三级抗震设防要求”为准则；技术措施上，《通用规范》在工程选址与勘察方面，规定了工程抗震勘察、地段划分与避让、场地类别划分的基本要求；在地基基础抗震方面，提出了天然地基抗震验算、液化判别与处理、液化桩基配筋构造的原则性规定；在地震作用和结构抗震验算方面，明确了地震作用计算与抗震验算的原则与方法，提出了结构地震作用的底线控制指标；在建筑与市政工程抗震措施方面，提出了混凝土结构、钢结构、钢混结构、砌体结构、木结构等各类建筑与市政工程的抗震措施；在工程材料与施工方面，规定了材料与施工的总体抗震要求、结构材料的抗震性能指标、最低强度等专门规定。

《通用规范》规定了 6 度及以上地区各类新建、改建、扩建建筑与市政工程抗震设防的基本要求，条文涵盖了工程选址、岩土勘察、地基基础抗震、地震作用计算与抗震验算、各类建筑与市政工程抗震措施以及工程材料与施工的特殊要求等抗御地震灾害各环节的技术规定，形成了完整的技术链条。

此次《通用规范》编制，统一了建筑与市政工程的抗震设防理念，内容架构、条文编制模式等与国际主流技术法规接轨。同时，为加速结构体系技术进步、促进国家经济转型和推进绿色化发展，对现行强制性条文中有关隔震建筑的竖向地震作用、嵌固刚度、近场放大系数等限制性要求进行了适当调整，有利于推进和加快减隔震技术的工程应用，新增了钢-混凝土组合结构房屋、现代木结构房屋等近期发展较快的新型结构体系的专门规定，取消了单层空旷房屋、砖柱厂房等能耗大、抗震性能较差的房屋结构形式。

《通用规范》的编制对贯彻国家抗震防灾法律法规，加强抗震防灾工作的监督与管理，确保建筑与市政工程的抗震质量安全，以减轻建筑与市政工程的地震破坏程度、避免人员伤亡、减少经济损失具有重要意义。

3.3 关于《通用规范》实施与发展的展望

1. 需进一步明确《通用规范》的属性定位与监管要求

在我国以往的工程实践中，《建筑抗震设计规范》（GB 50011—2010）等抗震相关的工程建设标准一直是作为结构类标准进行管理和要求，然而，理论研究和强震灾害经验表明，各类建筑与市政工程的抗震质量安全不仅仅是结构单专业可以完成并保障的。《建筑与市政工程抗震通用规范》在技术专业层面上涵盖了规划、勘察、建筑、结构、设备、施工、监理等工程建设活动的全部专业主体，因此，在后续的《通用规范》实施过程中，需进一步明确《通用规范》的属性定位，加强对建筑师、设备工程师等其他非结构专业人员的执行要求，确保工程的抗震质量安全。

2. 需进一步研究提高中低烈度区各类工程的抗震质量安全

1966年邢台地震以来一个重要的灾害启示是，我国中低烈度（6、7度）区的地震灾害风险明显高于8、9度等高烈度地区。其原因主要有二个，一是基本烈度的不确定性导致中低烈度区发生超烈度地震的风险偏大，二是现行规范的中低烈度区大震概率水准（3%/50年）及参数取值偏低。然而，由于我国中低烈度地区面积占比达到80%以上，设防参数调整涉及的影响面巨大，处置不当可能会引起工程实践的混乱。鉴于上述原因，虽然编制组对此问题进行了相应的专题研究，也给出了全国地震倒塌设防水平统一为2%/50年的调整方案，但仍需要进一步研究判断方方面面的不利影响。

3. 需进一步研判、适时适度提高地震作用取值

国际上，动力放大系数的取值主要在2.0~3.0，以2.5的情况居多。我国自《78规范》开始一直取2.25，系根据陈达生、周锡元等研究成果作出。目前，我国国民经济已有较大发展，社会公众对于建筑地震安全的要求越来愈高，社会各界也有一些声音呼吁提高地震作用的取值，此次《通用规范》编制的征求意见稿也曾经对此作出过调整（即由2.25提高为2.5），但研讨会和审查会上专家一致认为，在地震作用分项系数已经进行适度提高的情况下，不宜再进一步提高动力放大系数，以免各类工程抗震设防的投入增加过多，建议开展进一步的研究和试设计工作。

第二篇　条文解析篇

《建筑与市政工程抗震通用规范》（GB 55002—2021）
——或称或简称：本规范、《通用规范》、《规范》、GB 55002—2021

《工业与民用建筑抗震设计规范（试行）》（TJ 11—74）
——简称：《74 规范》
《工业与民用建筑抗震设计规范》（TJ 11—78）
——简称：《78 规范》
《建筑抗震设计规范》（GBJ 11—89）
——简称：《89 规范》
《建筑抗震设计规范》（GB 50011—2001）
——或称或简称：《2001 规范》、GB 50011—2001
《建筑抗震设计规范》（GB 50011—2010）
——或称或简称：《2010 规范》、GB 50011—2010
《建筑抗震设计规范》（GB 50011—2010）（2016 年版）
——或称或简称：《2010 规范》（2016 年版）、GB 50011—2010（2016 年版）
《建筑工程抗震设防分类标准》（GB 50223—2008）
——或称或简称：《08 分类标准》

第1章　总　　则

1.0.1　《规范》编制的背景、依据和目的

1.0.1　为贯彻执行国家有关建筑和市政工程防震减灾的法律法规，落实预防为主的方针，使建筑与市政工程经抗震设防后达到减轻地震破坏、避免人员伤亡、减少经济损失的目的，制定本规范。

【编制说明】

本条明确本规范的编制目的和编制依据。

我国地处环太平洋地震带和喜马拉雅—地中海地震带上，地震频发，且多属于典型的内陆地震，强度大、灾害重，是世界上地震导致人员伤亡最为严重的国家之一。在当前的科学技术条件下，地震本身是无法控制和避免的，临震地震预报尚缺乏足够的准确性，因此，采取工程技术措施，增强建筑与市政工程的抗震能力，减轻其地震损伤程度，是避免人员伤亡、减轻经济损失的根本途径。

根据《中华人民共和国防震减灾法》《中华人民共和国建筑法》等国家法律以及《建设工程质量管理条例》《建设工程安全生产管理条例》等行政法规，本规范的宗旨是加强建筑与市政工程的抗震设防对策，减轻地震破坏、避免人员伤亡、减少经济损失。

根据《中华人民共和国防震减灾法》第三十五条规定“新建、扩建、改建建设工程，应当达到抗震设防要求”，第三十六条规定“有关建设工程的强制性标准，应当与抗震设防要求相衔接”。本规范作为建筑与市政工程抗震设防的强制性标准，是贯彻落实《防震减灾法》第三十五条要求的具体体现。

【注释与解析】

《规范》第1.0.1条明确了编制的依据和目的，同时，也给出了各类工程抗御地震灾害的基本方针——“预防为主”，以及抗震设防的目的，即“减轻地震破坏、避免人员伤亡、减少经济损失”。在对《规范》进行总体理解和把握时，应着重对“预防为主、减轻破坏、避免伤亡、减少损失”等几个关键词的把握。

1.“预防为主”的法规背景

《规范》提出的“落实预防为主的方针”，是有其明确的法律法规来源的，在《防震减灾法》（1997版和2009版）以及住建部（包括原建设部）颁发的一系列抗震与防灾的部门规章中均明确规定，地震工作或抗震工作的基本方针是“预防为主”。以下为各法律法规的相关规定：

1）1994年，《建设工程抗御地震灾害管理规定》

《建设工程抗御地震灾害管理规定》（中华人民共和国建设部令第 38 号，1994 年 11 月 1 日经第 17 次部常务会议通过，自 1994 年 12 月 1 日起施行）第三条，“抗震工作实行预防为主、平震结合的方针”。

2）1997 年，《防震减灾法》

《中华人民共和国防震减灾法》（中华人民共和国第八届全国人民代表大会常务委员会第 29 次会议于 1997 年 12 月 29 日通过，自 1998 年 3 月 1 日起施行）第三条，“防震减灾工作，实行预防为主、防御与救助相结合的方针”。

3）2003 年，《城市抗震防灾规划管理规定》

《城市抗震防灾规划管理规定》（中华人民共和国建设部令第 117 号，2003 年 7 月 1 日经第 11 次部常务会议讨论通过，自 2003 年 11 月 1 日起施行）第四条，城市抗震规划的编制要贯彻“预防为主，防、抗、避、救相结合”的方针，结合实际、因地制宜、突出重点。

4）2005 年，《房屋建筑工程抗震设防管理规定》

《房屋建筑工程抗震设防管理规定》（中华人民共和国建设部令第 148 号，2005 年 12 月 31 日经建设部第 83 次常务会议讨论通过，自 2006 年 4 月 1 日起施行）第三条，“房屋建筑工程的抗震设防，坚持预防为主的方针”。

5）2008 年，《市政公用设施抗灾设防管理规定》

《市政公用设施抗灾设防管理规定》（中华人民共和国住房和城乡建设部令第 1 号，2008 年 9 月 18 日经住房和城乡建设部第 20 次常务会议审议通过，自 2008 年 12 月 1 日起施行）第三条，“市政公用设施抗灾设防实行预防为主、平灾结合的方针”。

6）2009 年，《防震减灾法》

《中华人民共和国防震减灾法》（中华人民共和国第十一届全国人民代表大会常务委员会第六次会议于 2008 年 12 月 27 日修订通过，自 2009 年 5 月 1 日起施行）第三条，“防震减灾工作，实行预防为主、防御与救助相结合的方针”。

7）2021 年，《建设工程抗震管理条例》

《建设工程抗震管理条例》（2021 年 5 月 12 日国务院第 135 次常务会议通过，自 2021 年 9 月 1 日起施行）第三条，“建设工程抗震应当坚持以人为本、全面设防、突出重点的原则”。

2. “预防为主”的客观背景

面对地震灾害，为什么要实行“预防为主”的防御性对策？这主要是由于地震的复杂性、偶然性、随机性、突然性等以及地震灾害的巨大性等特点决定的。

首先，我国地处环太平洋地震带和喜马拉雅—地中海地震带上，地震频发，属于典型的内陆地震，强度大、灾害重，是世界上地震导致人员伤亡最为严重的国家之一（图 1.0.1－1）。总体上，我国的地震有以下几个特点（陈寿梁、魏琏，抗震防灾对策，郑州：河南科学技术出版社，1988）：

（1）内陆型地震为主。根据 4000 多年的地震历史记录（图 1.0.1－2），我国且 2/3 左右的地震发生在大陆内部，属于典型的内陆型地震。发生在我国的大陆地震约占全球大陆地震发生次数的 1/3 左右，地震死亡人数约占全球的 1/2。

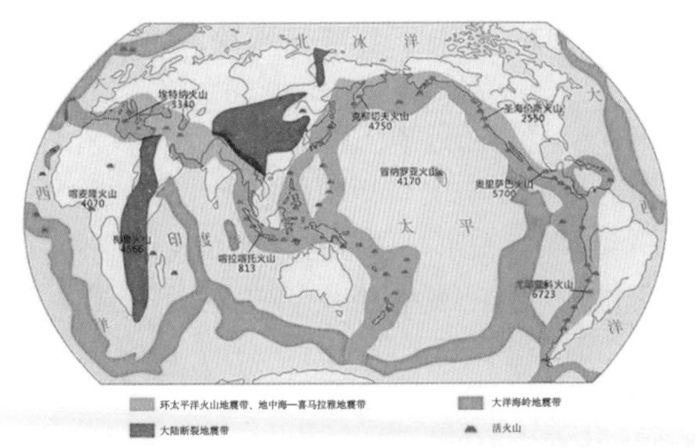

图 1.0.1－1　中国在世界地震带中的位置
（图片来源：https：//www. doyj. com/
wp-content/uploads/2011/03/dza. jpg）

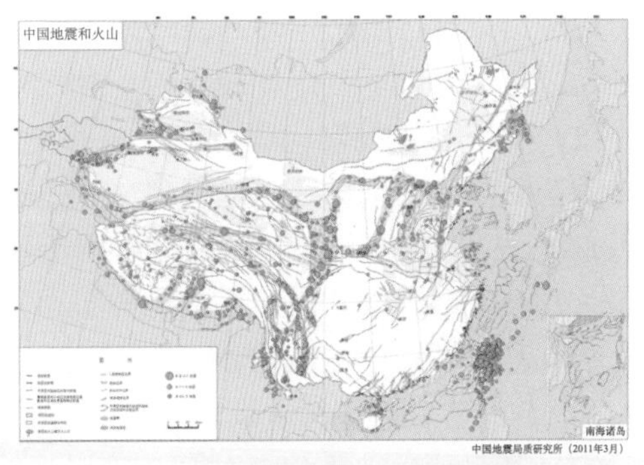

图 1.0.1－2　中国地震与火山分布图（$M \geqslant 6$）
（图片来源：https：//baijiahao. baidu. com/s?
id＝1664376509601611998&wfr＝spider&for＝pc）

（2）地震分布面积广。根据历史记载，全国除个别省外，都发生过 6 级以上的强震。由于地震活动范围广，震中分散，难以集中防御。

（3）震源浅、强度大。我国地震，特别是发生在大陆内部的地震，绝大多数是 30km 以内的浅源地震，释放的能量大，地震地面强度大，对地面建筑物和工程设施的破坏较重。在我国，只有西藏、新疆、吉林的个别地区发生过震源深度超过 30km 的深源地震。

（4）强震的重演周期长。我国强震的重演周期大多在百年乃至数百年，因此，对抗震防灾工作的重要性、紧迫性易被忽视。特别是在我国人口稠密、城市密集、工业集中的东部地区，自 1604 年福建泉州 8 级地震，1668 年山东郯城 8.5 级地震，1679 年河北三河、平谷 8 级地震和 1695 年山西临汾 8 级地震之后，在 280 多年时间内没有发生 8 级左右的大震。河北历史上发生过 3 次 7.5 级以上的强震（1679 年三河、平谷 8 级地震，1830 年磁县 7.5 级地震，1976 年唐山 7.8 级地震），发震时间分别相隔 151 年和 146 年；山西历史上发生过 3 次 7.5 级以上的强震（512 年代县 7.5 级地震，1303 年洪洞 8 级地震，1695 年临汾 8 级地震），发震时间分别相隔 791 年和 392 年；山东的郯城地震（1668 年 8.5 级地震）和菏泽地震（1937 年 7 级地震）相隔 269 年。由于强震的重演周期长，就容易使人们在现实生活中忽视地震灾害的威胁，也容易忘记地震灾害的惨痛教训，因而对抗震防灾工作的重要性认识不足，对于地震灾害的突发性准备不够，思想麻痹，放松警惕，而给地震的突然袭击以可乘之机。

客观上，震源浅、强度大的内陆型地震，其破坏后果要远大于深源地震和海洋地震；主观上，强震重演周期长，往往会造成思想麻痹，放松警惕，对抗震防灾的重要性认识不足，对抗震防灾工作易于忽视，这就是我国抗震防灾工作必须考虑的地震环境影响和特点。这是我国抗震防灾工作的国情，也是我国研究抗震防灾科学决策，制定各项具体对策的基本出发点。

【点评】 抗震防灾的意识，在某种程度上比抗震防灾技术本身更重要，日本抗震防灾做得很好，其根本原因不是日本的抗震技术有多么先进，而是日本举国上下的抗震防灾意识非常强烈，这不是其他任何国家和地区可以比拟的。我国 1975 年的海城地震之所以可以准确预报，根本上讲，也与邢台地震、通海地震后举国上下非常重视地震工作有关。

其次，只有抗震防灾才是减轻地震灾害的根本措施。目前，世界各国关于减轻地震灾害的研究，主要有以下三个方面：

(1) 其一，是控制地震对策。20 世纪 60 年代，美国的地质工作者在科罗拉多州的丹佛市和落基山西侧的油田区内，发现深井注水能引起地震。有关科研单位提出沿震源断裂一定距离布设深井，通过深井注水来引发强度不大的地震，以削弱未来主震的强度。这个方法，目前尚处于探索阶段。但从我国地震活动分布范围广，发震断裂遍及全国各省，地震区人口稠密城市密集等具体情况出发，有无实用价值，尚值得研究。例如，一个 7 级强震，需要 360 多个不致造成破坏的 4 级地震，才能释放其能量。

(2) 其二，是地震预报对策。主要根据地震地质、地震活动性、地震前兆异常和环境因素等多方面的研究，做出可能发生地震的预报。我国自 20 世纪 60 年代开始，开展了大规模地震预报的研究，虽取得了不少可喜的成绩，但从整个科学技术上看，也仍然处于研究阶段。从减轻地震灾害的全局分析，如果震前能够准确地做出预报，可以大大减少人员伤亡，但房屋建筑、工程设施和各种仪器设备仍然要遭到破坏，还要进行抗震救灾。例如：海城地震，尽管震前成功地做出了预报，减少了伤亡，死亡 1328 人，重伤 4292 人，但仍然倒塌房屋 1113520 间，经济损失 12.5 亿元，至于震后工厂停产、城市瘫痪所造成的损失则更大。另外，抗震防灾对地震预报准确度的要求，与地震预报的“三要素”要求也不同。对地震预报来讲，发震地点有一个区域范围，时间也可以有一个幅度，例如几个月或 1 年，然而，抗震防灾对此要求更严，因为不可能在大范围、长时间内采取临震应急措施。例如，1976 年的松潘地震，发震地点与估计地点相隔 200 多千米，从预报角度讲，可以称有预报，但这解决不了抗震防灾的要求。所以，地震预报还不能从根本上减轻地震灾害。

(3) 其三，是抗震防灾对策。即通过工程和技术措施，保证地震时建筑物和工程设施不遭破坏，以达到从根本上减轻和避免地震灾害的目的。我国在这方面已经积累了较为丰富的经验，并取得了很大成绩。地震造成人员伤亡和经济损失的主要原因是房屋建筑的倒塌和工程设施、设备的破坏。世界上 130 次伤亡巨大的地震，其中 95%以上的人员是由于不抗震的建筑物倒塌造成伤亡的。因此，提高建筑物、工程、设备的抗震能力，和城市、企业的综合抗震能力，是减轻地震灾害的根本措施。

因此，在地震不可控、地震预报不确定的情况下，做好工程设防工作、提高工程设施本身的抗震防灾能力，是当前乃至今后很长一段时间内，减轻地震灾害的必然选择和根本措施。

3. “预防为主”的历史来源

“预防为主”的减灾工作方针，可以追溯到 20 世纪 60、70 年代周恩来总理关于地震工作的一系列指示（王国治，1996，周恩来总理与我国的地震工作方针，中国地震，12（3）：335~338）。

20 世纪 60 年代，我国进入了新的地震活跃时期，发生了多次大的破坏性地震，造成重大的经济损失和人员伤亡。在此期间，周恩来总理两次亲临河北邢台地震现场。渤海、通海等每次大地震发生后，他都亲自听取地震情况的汇报，1970 年他指示中央地震工作小组召开了第一次全国地震工作会议，亲自接见会议代表，并作了“地震工作的统一和今后设想”的重要讲话。在这期间，周总理通过在地震现场和地震会议上的讲话及各种批示，对我国的地震监测预报、震灾预防、地震应急、抢险救灾等，做出了多次重要的指示。其中关于地震灾害预防，周总理强调，地震是可预测、预见的；有实践才能有预见；有预见才能预防；从预测到预防，以预防为主；地震工作要为保卫大城市、大水库、电力枢纽、铁路干线做出贡献。为此，要通过实践，到地震现场去，到地震区去实践，不断总结劳动人民的经验，总会作出预测的，然后实现预防（王国治，周恩来总理与我国的地震工作方针，中国地震，1996，12（3）：335~338）。

预防为主，主要是强调一个“前”字，是指政府的减灾工作、社会和民众的减灾活动、减灾的科学技术研究等，都要做在破坏性地震发生之前，各级人民政府和社会不能只注意救灾行为，要把更多的力量转变为震前的主动的预防行为。“不要病急了才去抓医生，像地方病那样，要事先防治”。

预防为主，是指在地震监测预报等科学预测的基础上开展工程抗震，采取工程性预防措施；提高社会反应能力，采取社会性预防措施。甚而包括抢险救灾和恢复重建在内的预防计划，都要做在地震事件发生之前，不要鱼跑了再撒网。

预防为主，要实施专群结合预测预防的公共政策。研究地震，要把各种积极因素调动起来，群众中智慧很多，这样就加强了防震抗震工作，否则预防方针就实施不了。社会及其成员积极参与预测预防活动．是贯彻执行预防为主方针的核心。

1978年十一届三中全会后，国家的工作重心转移到社会主义现代化建设上来，但我国的地震工作和抗震工作仍然实行“预防为主”的方针，只是根据具体的行业、部门以及工作对象的不同，各自延展、增补了一些内容的差异化表述（详本节的“预防为主”的法规背景部分），但核心的思想仍然是“预防为主”。

预防为主，明确了我国地震工作与抗震工作的指导思想，指出了我国地震工作与防灾减灾工作的方向，有力地推动了我国地震工程和工程抗震事业的发展。

1.0.2　适用范围与对象

1.0.2　**抗震设防烈度6度及以上地区的各类新建、扩建、改建建筑与市政工程必须进行抗震设防，工程项目的勘察、设计、施工、使用维护等必须执行本规范。**

【编制说明】

本条明确了本规范的适用范围，系由国家标准《建筑抗震设计规范》（GB 50011—2010）第1.0.2条（强制性条文）和《建筑工程抗震设防分类标准》（GB 50223—2008）第1.0.3条（强制性条文）等改编而成。

1. 现行规范（标准）的相关规定

1）《建筑抗震设计规范》（GB 50011—2010）

1.0.2　抗震设防烈度为6度及以上地区的建筑，必须进行抗震设计。

2）《建筑工程抗震设防分类标准》（GB 50223—2008）

1.0.3 抗震设防区的所有建筑工程应确定其抗震设防类别。 新建、改建、扩建的建筑工程，其抗震设防类别不应低于本标准的规定。

3)《城市桥梁抗震设计规范》(CJJ 166—2011)

3.1.3 地震基本烈度为6度及以上地区的城市桥梁必须进行抗震设计。

4)《室外给水排水和燃气热力工程抗震设计规范》(GB 50032—2003)

1.0.3 抗震设防烈度为6度及高于6度地区的室外给水、排水和燃气、热力工程设施，必须进行抗震设计。

5)《镇（乡）村建筑抗震技术规程》(JGJ 161—2008)

1.0.4 抗震设防烈度为6度及以上地区的村镇建筑，必须采取抗震措施。

6)《建筑机电工程抗震设计规范》(GB 50981—2014)

1.0.4 抗震设防烈度为6度及6度以上地区的建筑机电工程必须进行抗震设计。

2. 本规范编制时的修改

（1）“建筑”改为“各类新建、改建、扩建建筑工程和市政工程”。其一，根据编制任务安排，本规范的覆盖对象为建筑和市政工程；其二，根据《中华人民共和国防震减灾法》第三十五条规定“新建、扩建、改建建设工程，应当达到抗震设防要求”，同时，《建筑工程抗震设防分类标准》(GB 50223—2008) 第1.0.3条（强制性条文）明确规定“抗震设防区的所有建筑工程应确定其抗震设防类别。新建、改建、扩建的建筑工程，其抗震设防类别不应低于本标准”。因此，本规范中有抗震设防要求的对象是“各类新建、改建、扩建建筑工程和市政工程”。

（2）从工程阶段上，由“抗震设计”扩展为“勘察、设计、施工以及使用”等全过程。根据《建设工程质量管理条例》(国务院令279号) 第三条规定，建设工程的质量负责主体包括建设单位、勘察单位、设计单位、施工单位、工程监理单位等，责任事项分别包括建设和使用、勘察、设计、施工、监理，涵盖了工程建设的全过程。同时，该条例还在第十五条和第六十九条明确规定了房屋建筑装修等使用活动的约束要求和相应罚则。另一方面，我国《建筑抗震设计规范》(GB 50011—2010) 的技术内容已经涵盖了规划选址、场地勘察、设计、材料、施工以及使用和维护的相关要求。

3. 关于保留6度设防规定的说明

虽然根据《中国地震动参数区划图》(GB 18306—2015) 的规定，全国的基本地震烈度均为6度及以上，但是，6度开始设防是唐山地震后建设部门关于建筑抗震设防的重要决策，也是各类抗震技术标准的前提条件，取消“抗震设防烈度6度及以上地区的”相关字样后会造成不必要的混乱，而且各类工程几度开始设防是没有依据的。

【实施与检查】

1. 实施

当建筑与市政工程所在地区的抗震设防烈度不低于6度时，必须按照《建筑与市政工程抗震通用规范》以及相关抗震技术标准要求采取抗震措施。

从事工程建设的各相关责任主体，如勘察单位、设计单位、施工图审查单位、施工单位、材料供应单位、监理与质检单位等必须依据抗震防灾的相关法律法规和抗震设防的相关技术标准的要求进行工程建设活动。

建设行政主管部门和（或）相关的行业主管部门应依据抗震防灾的相关法律法规加强抗震设防区建筑工程抗震设防的管理与监督。

2. 检查

检查设计依据，查看结构设计总说明所列举的规范是否包括《建筑与市政工程抗震通用规范》等抗震相关规范、标准。

1.0.3　合规性判定要求

1.0.3　**工程建设所采用的技术方法和措施是否符合本规范要求，由相关责任主体判定。其中，创新性的技术方法和措施，应进行论证并符合本规范中有关性能的要求。**

【编制说明】

本条是对具体工程实践时，是否符合规范要求（即合规性判定要求）做出的规定，条文实施时应注意把握以下几点要求：

（1）一般情况技术规定必须执行，特殊情况基本性能必须满足！

本规范的技术规定是各类建筑与市政工程进行抗震设防的基本要求，一般情况下必须严格执行，当工程实践中采用的某些抗震技术措施与本规范的规定不完全一致时，应当对技术措施进行合规性判定，当满足本规范第2.1节的基本抗震性能要求时，方允许采用。

（2）工程措施是否合规需要全面判定！

工程建设强制性规范是以工程建设活动结果为导向的技术规定，突出了建设工程的规模、布局、功能、性能和关键技术措施，但是，规范中关键技术措施不能涵盖工程规划建设管理采用的全部技术方法和措施，仅仅是保障工程性能的“关键点”，很多关键技术措施具有“指令性”特点，即要求工程技术人员去“做什么”，规范要求的结果是要保障建设工程的性能，因此，能否达到规范中性能的要求，以及工程技术人员所采用的技术方法和措施是否按照规范的要求去执行，需要进行全面的判定，其中，重点是能否保证工程性能符合规范的规定。

（3）责任主体负责判定！

进行这种判定的主体应为工程建设的相关责任主体，这是我国现行法律法规的要求。《建筑法》《建设工程质量管理条例》《建筑节能条例》等以及相关的法律法规，突出强调了工程监管、建设、规划、勘察、设计、施工、监理、检测、造价、咨询等各方主体的法律责任，既规定了首要责任，也确定了主体责任。在工程建设过程中，执行强制性工程建设规范是各方主体落实责任的必要条件，是基本的、底线的条件，有义务对工程规划建设管理采用的技术方法和措施是否符合本规范规定进行判定。

（4）鼓励创新的开放性措施。

为了支持创新，鼓励创新成果在建设工程中应用，当拟采用的新技术在工程建设强制性规范或推荐性标准中没有相关规定时，应当对拟采用的工程技术或措施进行论证，确保建设工程达到工程建设强制性规范规定的工程性能要求，确保建设工程质量和安全，并应满足国家对建设工程环境保护、卫生健康、经济社会管理、能源资源节约与合理利用等相关基本要求。

第2章　基本规定

2.1　性能要求

2.1.1　最低防御目标要求

2.1.1　抗震设防的各类建筑与市政工程，其抗震设防目标应符合下列规定：

1　当遭遇低于本地区设防烈度的多遇地震影响时，各类工程的主体结构和市政管网系统不受损坏或不需修理可继续使用。

2　当遭遇相当于本地区设防烈度的设防地震影响时，各类工程中的建筑物、构筑物、桥梁结构、地下工程结构等可能发生损伤，但经一般性修理可继续使用；市政管网的损坏应控制在局部范围内，不应造成次生灾害。

3　当遭遇高于本地区设防烈度的罕遇地震影响时，各类工程中的建筑物、构筑物、桥梁结构、地下工程结构等不致倒塌或发生危及生命的严重破坏；市政管网的损坏不致引发严重次生灾害，经抢修可快速恢复使用。

【编制说明】

本条规定了建筑与市政工程抗震设防的最低性能要求，属于工程抗震质量安全的控制性底线要求。

按照什么样的标准进行抗震设防，要达到什么样的目标，是工程抗震设防的首要问题。《建筑抗震设计规范》（GB 50011—2010）第1.0.1条、《室外给水排水和燃气热力工程抗震设计规范》（GB 50032）第1.0.2条以及《城市桥梁抗震设计规范》（CJJ 166—2011）第3.1.2条分别规定了建筑工程、城镇给排水和燃气热力工程以及城市桥梁工程的抗震设防目标要求。按照《标准化法修订案》、国务院《深化标准化工作改革方案》以及住房和城乡建设部《关于深化工程建设标准化工作改革的意见》的要求，本条规定系由上述相关规定经整合精简而成，在具体的文字表达上与GB 50011—2010略有差别。

《建筑抗震设计规范》（GB 50011—2010）采用的是三级设防思想，规定了普通建筑工程的三水准设防目标，即遭遇低于本地区设防烈度的多遇地震影响时，主体结构不受损坏或不需修理可继续使用；遭遇相当于本地区设防烈度的设防地震影响时，可能发生损坏，但经一般性修理可继续使用；遭遇高于本地区设防烈度的罕遇地震影响时，不致倒塌或发生危及生命的严重破坏。

《室外给水排水和燃气热力工程抗震设计规范》（GB 50032）采用的也是三水准设防，

第 1.0.2 条规定，室外给水排水和燃气热力工程在遭遇低于本地区抗震设防烈度的多遇地震影响时，不致损坏或不需修理仍可继续使用；遭遇本地区抗震设防烈度的地震影响时，构筑物不需修理或经一般修理后仍能继续使用，管网震害可控制在局部范围内，避免造成次生灾害；遭遇高于本地区抗震设防烈度预估的罕遇地震影响时，构筑物不致严重损坏危及生命或导致重大经济损失，管网震害不致引发严重次生灾害，并便于抢修和迅速恢复使用。

《城市桥梁抗震设计规范》(CJJ 166—2011) 采用的是两级设防思想，第 3.1.2 条规定了各类城市桥梁的抗震设防标准（表 2.1.1－1），同时，第 3.1.3 条规定了各类城市桥梁的 E1 和 E2 地震调整系数（表 2.1.1－2）。从 E1 和 E2 地震的调整系数看，其 E1 水准地震动要稍大于建筑工程的多遇地震动，E2 水准地震动相当于建筑工程的罕遇地震动。

表 2.1.1－1　城市桥梁抗震设防标准

抗震设防分类	E1 地震作用		E2 地震作用	
	震后使用要求	损伤状态	震后使用要求	损伤状态
甲	立即使用	结构总体反应在弹性范围，基本无损伤	不需修复或经简单修复可继续使用	可能发生局部轻微损伤
乙	立即使用	结构总体反应在弹性范围，基本无损伤	经抢修可恢复，永久性修复后恢复正常运营功能	有限损伤
丙	立即使用	结构总体反应在弹性范围，基本无损伤	经临时加固，可供紧急救援车辆使用	不产生严重的结构损伤
丁	立即使用	结构总体反应在弹性范围，基本无损伤	—	不致倒塌

表 2.1.1－2　各类城市桥梁的 E1 和 E2 地震调整系数

抗震设防分类	E1 地震作用				E2 地震作用			
	6 度	7 度	8 度	9 度	6 度	7 度	8 度	9 度
乙	0.61	0.61	0.61	0.61	—	2.2 (2.05)	2.0 (1.7)	1.55
丙	0.46	0.46	0.46	0.46	—	2.2 (2.05)	2.0 (1.7)	1.55
丁	0.35	0.35	0.35	0.35	—	—	—	—

注：(　) 内数值分别用于 7 度 (0.15g) 和 8 度 (0.30g) 地区。

《建筑与市政工程抗震通用规范》编制时，为便于管理和操作，将各类工程的抗震设防思想统一为三水准设防（表 2.1.1－3）。同时，为了兼顾房屋建筑、城市桥梁、基础设施、地下工程等各类工程之间的差别，第 2.1.2 条进一步补充规定了各类工程的多遇地震动、设防地震动和罕遇地震动的超越概率最低水准。

表 2.1.1－3　各类建筑与市政工程抗震设防目标的统一表述

地震影响	性　能　目　标
多遇地震	各类工程的主体结构和市政管网系统不受损坏或不需修理可继续使用
设防地震	各类工程中的建筑物、构筑物、桥梁结构、地下工程结构等可能发生损伤，但经一般性修理可继续使用； 市政管网的损坏应控制在局部范围内，不应造成次生灾害
罕遇地震	各类工程中的建筑物、构筑物、桥梁结构、地下工程结构等不致倒塌或发生危及生命的严重破坏； 市政管网的损坏不致引发严重次生灾害，经抢修可快速恢复使用

对于设计使用年限不超过 5 年的临时性建筑与市政工程，我国自《74 规范》开始，历来的对策是在满足静力承载要求的前提下可不设防。

【延伸阅读】关于三水准设防思想的若干讨论

1. 为什么要采用三水准设防的思想

我国的《74 规范》和《78 规范》曾明确规定，“建筑物遭遇到相当于设计烈度的地震影响时，建筑物允许有一定的损坏，不加修理或稍加修理仍能继续使用”。这一标准表明，当地震发生时，建筑物并不是完整无损，而是允许有一定程度的损坏，特别是考虑到强烈地震不是经常发生的，因此遭受强烈地震后，只要不使建筑物受到严重破坏或倒塌，经一般修理可继续使用，基本上可达到抗震的目的。但是，在《74 规范》颁布之后的第二年，即 1975 年，在我国重工业区的辽宁海城发生 7.3 级大地震，1976 年又在人口稠密的唐山地区发生了 7.8 级大地震。这两次大地震的震中烈度都比预估的高，特别是唐山大地震竟比预估高出 5 度。基于这种基本烈度地震具有很大不确定性的事实，《89 规范》在修订过程提出要对《78 规范》的设防标准进行适当的调整，显然是非常必要的。另一方面，在《89 规范》修订的同期，即 20 世纪 70 年后期至 80 年代中期，国际上关于建筑抗震设防思想出现了一些新的趋势，其中最具代表性的当数美国应用技术委员会（Applied Technology Council，ATC）研究报告 ATC 3-06。在总结 1971 年 San Fernando 地震经验教训，回顾、反思 1976 年以前 UBC 等规范抗震设计方法的基础上，ATC 3-06 第一次尝试性地对结构抗震设计的风险水准进行了量化，同时，还明确提出了建筑的三级性能标准：①允许建筑抵抗较低水准的地震动而不破坏；②在中等水平地震动作用下主体结构不会破坏，但非结构构件会有一些破坏；③在强烈地震作用下，建筑不会倒塌，确保生命安全。另外，对某些重要设备，特别是应急状态下对公众的安全和生命起主要作用的设备，在地震时和地震后要保持正常运行。

基于上述趋势，《89 规范》结合我国的经济能力，在《78 规范》的基础上对抗震设防标准做了如下一些规定：①在遭受本地区规定的基本烈度地震影响时，建筑（包括结构和非结构部分）可能有损坏，但不致危及人民生命和生产设备的安全，不需修理或稍加修理即可恢复使用；②在遭受较常遇到的、低于本地区规定的基本烈度的地震影响时，建筑不损坏；③在遭受预估的、高于基本烈度的地震影响时，建筑不致倒塌或发生危及人民生命财产的严重破坏。上述三点规定可概述为“小震不坏，中震可修、大震不倒”这样一句话，即《89 规范》以来，我国建设工程界秉承的三水准抗震设防思想。

按照上述抗震设防思想，从结构受力角度看，当建筑遭遇第一水准烈度地震（小震）时，结构应处于弹性工作状态，可以采用弹性体系动力理论进行结构和地震反应分析，满足强度要求，构件地震内力完全与按弹性反应谱理论分析的计算结果相一致；当建筑遭遇第二水准烈度地震（中震）时，结构越过屈服极限，进入非弹性变形阶段，但结构的弹塑性变形被控制在某一限度内，震后残留变形不大；当建筑遭遇第三水准烈度地震（大震）时，建筑物虽然破坏比较严重，但整个结构的非弹性变形仍受到控制，与结构倒塌的临界变形尚有一段距离，从而保障建筑内部人员的安全。

2. 三水准设防对策存在的问题

如前所述，我国自《89 规范》以来一直沿用的是“三水准设计思想”，相应的设计对策是通过“两阶段设计方法”来实现：①第一阶段设计：又分为两步，第一步采用第一水准地震动参数计算地震作用，并进行构件截面设计，满足第一水准的强度要求；第二步验算第一水准地震下的结构弹性变形，同时采取相应的抗震构造措施，保证结构具有足够的延性、变形能力和塑性耗能，从而满足第二水准的变形要求。②第二阶段设计：验算第三水准地震下的结构（特别是柔弱楼层和抗震薄弱环节）弹塑性变形；并结合必要的抗震构造措施，满足第三水准的防倒塌要求。

表 2.1.1－4　世界主要国家建筑抗震设防思想及设计对策

	地震动水准	设防目标	设计要求	实施对策
中国	多遇地震 63.2%/50 年， 50 年	一般不受损坏或不需修理可继续使用	强度	结构弹性分析 “+”构件截面设计
	设防地震 10%/50 年， 475 年	可能损坏，经一般修理或不需修理仍可继续使用	变形	第一水准的弹性变形验算 “+”构造措施
	罕遇地震 2%~3%/50 年， 1600~2475 年	不致倒塌或发生危及生命的严重破坏	变形	弹塑性变形验算 “+”构造措施
2014 洛杉矶 高规	频遇地震 30%/50 年， 43 年	建筑结构和非结构在震中和震后应能保持基本的使用功能	变形	考虑 2.5%的阻尼比计算结构的地震变形响应，并考虑与其他荷载组合， $1.0D + L_{exp} + 1.0E_x + 0.3E_y$ 组合的层间变形，不应超过 $h/200$
	罕遇地震 MCE_R， 2%/50 年， 2475 年	50 年倒塌概率不超过 1%	强度/变形	力控制的构件验算强度，变形控制的构件验算变形

续表

	地震动水准	设防目标	设计要求	实施对策
欧洲EC8	频遇地震 10%/10年， 95年	不应出现影响使用或修复代价高昂的破坏	变形	验算层间变形，变形值取设计地震相应数值的0.4~0.5倍。 变形限值：脆性非结构：$h/200$； 延性非结构：$h/133$； 无非结构：$h/100$
	设计地震 10%/50年， 475年	不应出现局部或整体倒塌，结构完整并具有足够的剩余承载能力	强度	验算内容包括：构件承载力、楼盖和基础的承载能力、整体和局部延性条件、结构整体稳定、相邻建筑的碰撞条件等
日本	地震系数 $k=0.2$	不应出现破坏	强度	验算结构件的承载能力
	地震系数 $k=1.0$	不应出现倒塌破坏	强度/变形	验算结构的极限强度和极限变形

如表2.1.1－4所示为世界主要国家建筑抗震设防思想及设计对策表，从中可以看出：

（1）我国的三水准设防的技术对策是，小震要满足强度要求，中震和大震要满足变形要求。这一点与前述日本的二级设计要求类似，但与欧洲和美国的“小震满足变形要求、大震满足强度要求”二级设防在具体设计对策上存在差别。

（2）我国第二水准的变形要求是通过第一水准的弹性变形验算和必要的抗震构造措施来实施的，实际工程中并未直接进行第二水准的弹塑性变形验算。规范给定的设计对策是否能保证第二水准的设防目标得以实现，值得商榷。建议在建筑抗震规范进一步修订时，补充完善三水准的设计要求和实施对策，实现三准设防、三阶段设计。

（3）我国的小震和大震地震动参数取值是基于中震人为约定的，与现行区划图不完全相符，而且也未考虑地震危险性特征的地区性差异。建议结合现行区划图的相关研究成果，并考虑地震危险性特征的地区性差异，进一步完善三水准地震动参数的取值规定。

（4）大震的概率水准不统一。如前所述，我国的大震即罕遇地震是指在50年期限内，一般场地条件下，可能遭遇的超越概率为2%~3%的地震，相当于1600~2500年的地震。根据《89规范》的约定，7度区的大震取50年超越概率3%（1642年）的地震，8度区大震取50年超越概率2.5%（1975年）的地震；9度区的大震取50年超越概率2%（2475年）的地震。因此，不同烈度区建筑物的倒塌设防水平是不一样的。建议规范进一步修订时，综合考虑经济社会发展水平、工程设计习惯、地震工程与工程抗震的研究成果等，研究确定合适的、统一的大震概率水准。

（5）大震不倒的概率可靠度不明确。按照三水准目标设计的建筑物，在未来大震作用下实现不倒的概率或可靠程度并不清楚，同一烈度区不同建筑物的倒塌风险可能不同，不同烈度区同类建筑的倒塌风险也可能不同，进而导致地震中建筑物表现迥异。即按现行的三水准设防，不同烈度区、不同类型建筑在未来的大地震中的倒塌或破坏的风险是不一样的。建议在上述问题解决的基础上，开展我国房屋建筑的地震倒塌风险分析工作，进一步给出适合国情的地震倒塌风险控制水准及相应的工程对策。

3. 关于进一步修订三水准方案的建议

（1）继续保持三水准设防的思想。如前所述，多级设防是当今世界各国建筑抗震设计的潮流，我国的三水准设防，在理念上属于世界领先水平，应继续保持。

（2）第一水准的设防目标，建议改为使用功能不中断，与欧美的要求相当，而且与抗震防灾的功能需求契合。相应的设计要求改为弹性变形要求，将多遇地震作用作为正常使用极限状态台下的一种“荷载”，进而考察建筑结构正常使用的变形要求。这一阶段的设计目的是控制结构的弹性刚度不能太小。

（3）第二水准的设防目标，建议改为结构可修，即允许结构由一定程度的损坏，但属于可修复的程度，相应的设计要求改为强度要求，工程实施时，考虑结构弹塑性性能计算地震作用，并进行结构构件的强度设计与细部构造。这一阶段的设计目的是控制结构的弹塑性抗震承载能力不能太小。

（4）第三水准的设防目标仍继续保持为不倒，设计要求仍为弹塑性变形要求，工程实施时，考虑 $P\text{-}\Delta$ 效应，进行弹塑性变形验算。这一阶段的设计目的是控制结构的弹塑性残余刚度不能太小，亦即控制结构屈服后刚度退化不能太快。

表 2.1.1-5　关于进一步修订三水准方案的建议

地震动水准	设防目标	设计要求	实施对策
第一水准：多遇地震（63.2%/50 年）	建筑不受损坏或不需修理可继续保持正常使用功能	弹性变形	按正常使用极限状态，考虑荷载组合进行变形验算
第二水准：设防地震（10%/50 年）	结构可能损坏，经一般修理或不需修理仍可继续使用	强度	考虑结构弹塑性性能计算地震作用，进行构件强度设计与构造
第三水准：罕遇地震（2%/50 年）	不致倒塌或发生危及生命的严重破坏	弹塑性变形	考虑 $P\text{-}\Delta$ 效应，进行弹塑性变形验算

注：罗开海，2017，建筑抗震设防思想发展动态及展望［J］，工程抗震与加固改造，39（Supp.）：99~105。

2.1.2　地震动的概率取值

2.1.2　**抗震设防的建筑与市政工程，其多遇地震动、设防地震动和罕遇地震动的超越概率水准不应低于表 2.1.2 的规定。**

表 2.1.2　建筑与市政工程的各级地震动的超越概率水准

	多遇地震动	设防地震动	罕遇地震动
居住建筑与公共建筑、城镇桥梁、城镇给排水工程、城镇燃气热力工程、城镇地下工程结构（不含城市地下综合管廊）	63.2%/50 年	10%/50 年	2%/50 年
城市地下综合管廊	63.2%/100 年	10%/100 年	2%/100 年

【编制说明】

本规范第 2.1.1 条规定了各类工程的三水准设防思想，本条兼顾各类工程间的差别，规定了各类工程的三级地震动概率水准的最低取值要求。

由于《城市地下综合管廊工程技术规范》（GB 50838）明确规定，地下综合管廊设计使用年限为 100 年，因此，对城市地下综合管廊的三级地震动概率水准进行了专门规定。

对于城市桥梁结构，《城市桥梁抗震设计规范》（CJJ 166—2011）第 3.2.1 条和 3.2.2 条规定，甲类桥梁，一般多为城市斜拉桥、悬索桥和大跨度拱桥，大都建在依傍大江大河的现代化大城市，其特点是桥高（通航净空要求高）、桥长、造价高，一般都占据交通网络上的枢纽位置，无论在政治、经济、国防上都有重要意义，且一旦发生破坏，修复很困难，因此，甲类桥梁的设防水准定得较高，甲类桥梁设防的 E1 和 E2 地震的重现期（即超越概率水准）分别为 475 年和 2500 年。而对于乙、丙和丁类桥梁，其 El 地震作用则是在《建筑抗震设计规范》（GB 50011）多遇地震的基础上，分布乘以 1.7、1.3 和 1.0 的重要性系数得到的；其 E2 地震作用直接采用 GB 50011 罕遇地震。《通用规范》编制时，为了与其他各类建筑与市政工程在抗震设防策略上协调统一，桥梁结构三级地震动的 50 年概率水准仍然保持 63.2%、10%和 2%，但甲、乙、丙、丁类桥梁，其抗震设防标准中的地震作用取值则分别考虑重要性系数 2.0、1.7、1.3 和 1.0（详《通用规范》第 2.3.2 条），本质上提高了各类桥梁的设防标准。

【实施与检查】

1. 实施

设计总说明中应明确设计使用（或工作）年限；在结构计算书中，应明确给出各级地震动参数的取值。

2. 检查

检查设计地震动参数取值，查看结构设计总说明和计算书的地震动参数取值是否准确。

2.2 地震影响

2.2.1 设防烈度的取值

2.2.1 **各类建筑与市政工程的抗震设防烈度不应低于本地区的抗震设防烈度。**

【编制说明】

本条规定了各地区及各类工程设防烈度的确定原则。

抗震设防烈度是确定工程抗震措施的主要依据，根据《中华人民共和国防震减灾法》等法律法规的规定，作为各地区抗震防灾主要依据的文件或图件系由国家有关主管部门依照规定的权限批准、发布的，各类建设工程的抗震设防不应低于本条要求。

本条主要改自《建筑抗震设计规范》（GB 50011—2010）第1.0.4条（强制性条文）"抗震设防烈度必须依据国家规定权限批准、发布的文件（图件）确定"。同时，补充了各类工程抗震设防烈度的确定原则。

这里的"国家规定权限批准、发布的文件（图件）"，在现阶段主要是指《中国地震动参数区划图》（GB 18306—2015）。

【实施与检查】

1. 实施

在设计总说明和结构计算书中，应明确抗震设防烈度。

一般情况下，建筑与市政工程的抗震设防烈度应不低于本地区的设防烈度。本地区的设防烈度依据国家规定权限批准、发布的文件（图件）确定。

本条为各类建筑与市政工程抗震设防烈度的最低标准，有条件的建设单位、业主可以采用比本条要求更高的设防要求。

2. 检查

检查设防烈度，查看设计总说明和计算书的设防烈度是否准确。

【延伸阅读】地震烈度、基本烈度与设防烈度的区别与联系

1. 地震烈度

地震烈度是指地震引起的地面震动及其影响的强弱程度。影响烈度的因素有震级、距震源的远近、地面状况和地层构造等。地面震动的强弱直接影响到人的感觉的强弱，器物反应的程度，房屋的损坏或破坏程度，地面景观的变化情况等，因此烈度的鉴定主要依靠对上述几个方面的宏观考察和定性描述。

一般来说，一次地震的震中烈度 I_0 与震级 M 大致有以下关系：

$$I_0 = 1.5 \times (M - 1)$$

如图 2.2.1－1 所示，为 2008 年汶川 8.0 级地震的烈度分布图，其震中烈度为 11 度，也大致符合上述关系。

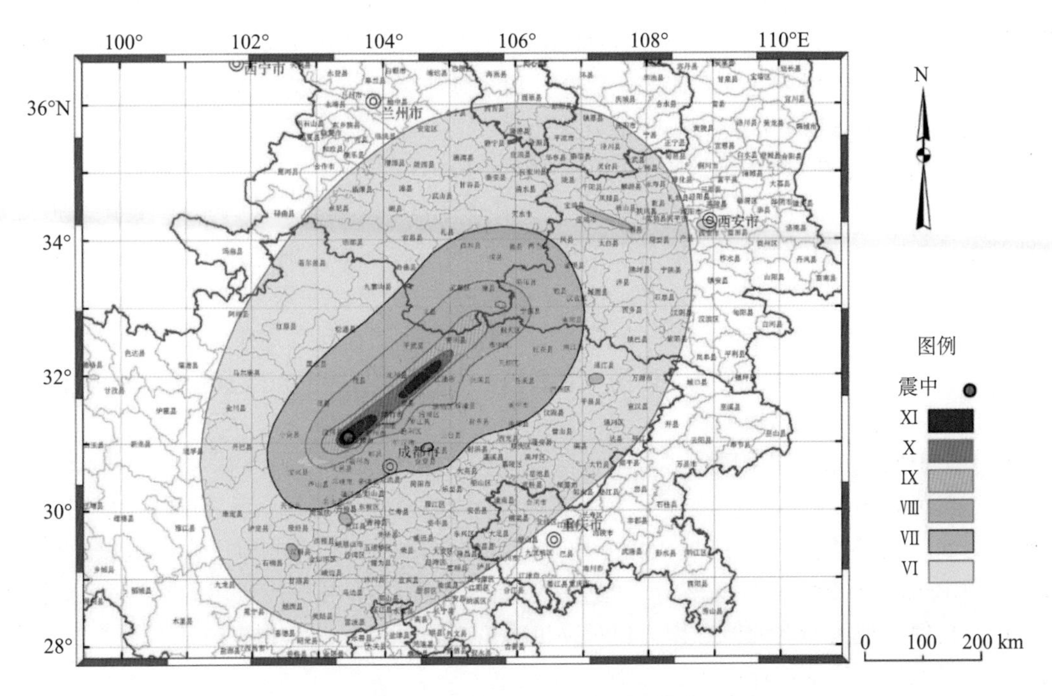

图 2.2.1－1　2008 年汶川 8.0 级地震的烈度分布图

2. 基本烈度

当以地震烈度为指标，按照某一原则，对全国进行地震烈度区划，编制成地震烈度区划图，并作为建设工程抗震设防依据时，则区划图标识烈度便被称之为“地震基本烈度”。

我国从 20 世纪 50 年代开始，相继编制了 5 次区划图。通常被称为第一代至第五代区划图，其中，前三代为烈度区划图，第四、五代为参数区划图。由于各代区划图的编图原则不同，因此，我国不同时期的基本烈度的定义也不相同：

1）第一代区划图：《中国地震烈度区域划分图》（1957 年）

第一代区划图，是由原中国科学院地球物理研究所李善邦主持编制的《中国地震烈度区域划分图》，以烈度为地震危险性的表征指标对全国进行区划，未正式发布（李善邦，中国地震区域划分图及其说明，I 总的说明［J］，地球物理学报，1957，V6（2）：127~133）。该图的编制原则主要由两条：①曾经发生过地震的地区，同样强度的地震还可能重演；②地质条件（或称地质特点）相同的地区，地震活动性亦可能相同。历史地震烈度的重复原则和相同发震构造发生相同地震烈度的类比原则。第一代区划图的基本烈度被定义为：“未来（无时限）可能遭遇历史上曾发生的最大地震烈度”。

2）第二代区划图：《中国地震烈度区划图》（1977 年）

第二代区划图，是国家地震局组织所属单位编制完成的《中国地震烈度区划图》（1：300 万），1977 年由国家地震局正式发布，供建设规划和确定中小型工程地区基本烈度使用参考（邓起东等，中国地震烈度区划图编制的原则和方法［J］，地震学报，1980，V2（1）：90~110）。该图首次明确，区划图上表示的烈度称为“基本烈度”，是指某地区今后一定时期内，在一般场地条件下可能遭受的最大烈度。考虑到大量工程建筑的使用年限，该图是一张预测自 1973 年以后我国未来百年内可能遭遇的最大地震烈度分布图。因此，第二代区划图的基本烈度定义可以表述为：未来一百年一般场地土条件下可能遭遇的最大地震烈度。第二代地震区划图的编制方法称为确定性方法。

3）第三代区划图：《中国地震烈度区划图》（1990）

第三代区划图，是国家地震局发布的《中国地震烈度区划图》（1990），采用了地震危险性概率分析方法，并考虑了一般建设工程应遵循的防震标准，确定以 50 年超越概率 10% 的风险水准编制而成。因此，基本烈度被定义为未来 50 年，一般场地条件下，超越概率 10%的地震烈度。对于数量庞大，分布范围很广的中、小工程和民用建筑，可以直接将区划图所标示的烈度值作为抗震设防的依据。区划图上的烈度值，相当于《建筑抗震设计规范》（GBJ 11—89）中的“设防烈度”。

4）第四代区划图：《中国地震动参数区划图》（GB 18306—2001）

第四代区划图，以地震动参数为指标编制了地震峰值加速度图、反应谱特征周期图，设防水准为 50 年超越概率 10%，并由国家质量技术监督局以国家标准即《中国地震动参数区划图》（GB 18306-2001）颁布施行。此后，在抗震设防中不再直接应用基本烈度一词，但抗震设计仍保留地震烈度的概念作为建筑物抗震措施的等级标准，相应的基本烈度数值可由区划图给定的地震峰值加速度按表 2. 2. 1 - 1 确定。

表 2. 2. 1 - 1　地震动峰值加速度分区与基本烈度对照表

地震动峰值加速度分区（g）	<0. 05	0. 05	0. 1	0. 15	0. 2	0. 3	≥0. 4
地震基本烈度值	<Ⅵ	Ⅵ	Ⅶ	Ⅶ	Ⅷ	Ⅷ	≥Ⅸ

5）第五代区划图：《中国地震动参数区划图》（GB 18306—2015）

《中国地震动参数区划图》（GB 18306—2015）修订工作始于 2007 年，经地震科技工作者根据相关法律和最新研究成果修订，并与住建、水利、核电等相关使用部门充分协调，最终于 2015 年 5 月 15 日由国家质量监督检验检疫总局和国家标准化管理委员会联合发布。修订后的区划图主要特点有：①将抗倒塌作为编图的基本准则，以 50 年超越概率 10% 地震动峰值加速度与 50 年超越概率 2%地震动峰值加速度除以 1. 9 所得商值的较大值作为编图指标；②全国设防参数整体上有了适当提高，基本地震动峰值加速度均在 0. 05g 及以上，0. 10g 及以上地区面积从 49%上升到 51%，其中Ⅷ度及以上地区的面积从 12% 增加到 18%。

3. 设防烈度

按《建筑抗震设计规范》（GB 50011—2010）第 2. 1. 1 条规定，抗震设防烈度，指的是按国家规定的权限批准作为一个地区抗震设防依据的地震烈度。一般情况，取 50 年内超越概率 10%的地震烈度。

至于建筑的抗震设防烈度，一般情况下不应低于本地区的设防烈度，即根据《中国地震动参数区划图》（GB 18306）确定的地震基本烈度或设计基本地震加速度值所对应的烈度值。对于采用性能化方法进行抗震设计的建筑来说，其设防烈度可根据预期的性能目标在本地区设防烈度的基础上进行适当调整，比如，对于7度地区的某建筑工程，根据功能和性能目标的要求，可以按8度的要求进行设防，此时，该建筑的实际设防烈度就是8度。

在我国，房屋建筑要不要进行设防，设防到什么程度，从根本上讲，是一个涉及经济承受能力、技术实现能力的政策决策问题。在20世纪50年代，由于国家的社会经济百废待兴，没有经济能力进行房屋建筑的抗震设防，当时，除了苏联援建的156项重点工程按当时苏联规范进行抗震设计外，一般的工程和房屋建筑都是不设防的。1974年我国发布一本全国性的抗震设计规范《工业与民用建筑抗震设计规范（试行）》（TJ 11—74），从此开起了我国的房屋建筑抗震设防的进程。但由于不同历史时期，国家的经济能力和技术水平的差异，我国不同版本设计规范采用的设防水平也是在不断提升和改进的：

1）《工业与民用建筑抗震设计规范（试行）》（TJ 11—74）

1974年，我国第一本建筑抗震设计通用规范《工业与民用建筑抗震设计规范（试行）》（TJ 11—74）正式发布，该规范中采用设计烈度的概念，规范的适用范围为设计烈度为7~9度的工业与民用建筑物（包括房屋和构筑物），对于有特殊抗震要求的建筑物或设计烈度高于9度的建筑物，应进行专门研究设计。至于设计烈度，则应根据建筑物的重要性，在基本烈度的基础上按下列原则调整确定：

一、对于特别重要的建筑物，经过国家批准，设计烈度可比基本烈度提高一度采用。

二、对于重要的建筑物（例如：地震时不能中断使用的建筑物，地震时易产生次生灾害的建筑物，重要企业中的主要生产厂房，极重要的物资贮备仓库，重要的公共建筑，高层建筑等），设计烈度应按基本烈度采用。

三、对于一般建筑物，设计烈度可比基本烈度降低一度采用，但基本烈度为7度时不降。

四、对于临时性建筑物，不设防。

2）《工业与民用建筑抗震设计规范》（TJ 11—78）

唐山地震后，在总结海城地震和唐山地震的宏观经验的基础上，国家基本建设委员会建筑科学研究院对《工业与民用建筑抗震设计规范（试行）》（TJ 11—74）进行了修订，并于1978年发布《工业与民用建筑抗震设计规范》（TJ 11—78）。《78规范》仍然沿用设计烈度的概念，其适用范围为设计烈度7~9度的工业与民用建筑物（包括房屋和构筑物）；有特殊抗震要求的建筑物或设计烈度高于9度的建筑物，应进行专门研究设计。建筑物的设计烈度，一般按基本烈度采用；对特别重要的建筑物，如必须提高一度设防时，应按国家规定的批准权限报请批准后，其设计烈度可比基本烈度提高一度采用；次要的建筑物，如一般仓库、人员较少的辅助建筑物等，其设计烈度可比基本烈度降低一度采用，但基本烈度为7度时不应降低。对基本烈度为6度的地区，工业与民用建筑物一般不设防。

3）《建筑抗震设计规范》（GBJ 11—89）

从《89规范》开始采用抗震设防烈度的概念。《89规范》第1.0.3条规定，抗震设防烈度应按国家规定的权限审批、颁发的文件（图件）确定，一般情况下可采用基本烈度；对做过抗震防灾规划的城市，可按批准的抗震设防区划（设防烈度或设计地震动参数）进行抗震设防。

在设防依据上，《89 规范》采用的是双轨制，即一般情况下，采用基本烈度作为设防烈度，对于做过小区划的城市，可以按批准后的小区划确定设防烈度。

4)《建筑抗震设计规范》(GB 50011—2001)

《2001 规范》沿用了《89 规范》的设防烈度概念。在具体的条文规定上，将《89 规范》的 1.0.3 条拆分为两条进行表述，即 1.0.4 条（强条）“抗震设防烈度必须按国家规定的权限审批、颁发的文件（图件）确定”，以及 1.0.5 条“一般情况下，抗震设防烈度可采用中国地震动参数区划图的地震基本烈度（或与本规范设计基本地震加速度值对应的烈度值）。对已编制抗震设防区划的城市，可按批准的抗震设防烈度或设计地震动参数进行抗震设防”。

《2001 规范》继续保持了《89 规范》的双轨制设防，稍有变化的是，为了适应区划图的区划指标烈度转变为参数的要求，设防烈度的取值改为，一般情况下可采用中国地震动参数区划图的地震基本烈度（或与本规范设计基本地震加速度值对应的烈度值），明确了基本烈度的来源与确定原则。

5)《建筑抗震设计规范》(GB 50011—2010)

《2010 规范》继续沿用了《89 规范》的设防烈度概念。在具体的条文规定上，基本保持了《2001 规范》的表述形式，即 1.0.4 条（强条）“抗震设防烈度必须按国家规定的权限审批、颁发的文件（图件）确定”，以及 1.0.5 条“一般情况下，建筑的抗震设防烈度可采用根据中国地震动参数区划图确定的地震基本烈度（或与本规范设计基本地震加速度值对应的烈度值）”。

鉴于地震小区划工作在实践中已经取消，《2010 规范》修改了《89 规范》和《2001 规范》的双轨制设防，改为单轨制。

4. 地震烈度、基本烈度和设防烈度的逻辑关系

如图 2.2.1-2 所示为地震烈度、基本烈度和设防烈度的逻辑关系简图。一般来说，地震烈度，表示地震对地表影响的强弱程度，它是一个自然科学范畴的名词，通常用罗马数值

图 2.2.1-2 地震烈度、基本烈度和设防烈度的逻辑关系简图

表示。基本烈度，区划标定或确定的烈度，是考虑地震危险性特征，对未来一段时间内遭遇地震烈度的预测结果进行归并、区划，代表一个地区地震危险性的烈度值，一般由地震部门发布，它是一个地震工程学上的名词，一般用罗马数字表示。设防烈度，按国家规定的权限批准作为一个地区抗震设防依据的地震烈度。一般在基本烈度的基础上，根据经济、技术条件由建设部门做出决定，它是一个工程学指标，一般用阿拉伯数字表示。

2.2.2　地震影响的表征

2.2.2　各地区遭受的地震影响，应采用相应于抗震设防烈度的设计基本地震加速度和特征周期表征，并应符合下列规定：

1　各地区抗震设防烈度与设计基本地震加速度取值的对应关系应符合表 2.2.2-1 的规定。

表 2.2.2-1　抗震设防烈度和类Ⅱ地设计基本地震加速度值的对应关系

抗震设防烈度	6	7		8		9
Ⅱ类场地设计基本地震加速度值	0.05g	0.10g	0.15g	0.20g	0.30g	0.40g

2　特征周期应根据工程所在地的设计地震分组和场地类别按本规范第 4.2.2 条规定确定。设计地震分组应根据现行国家标准《中国地震动参数区划图》（GB 18306）Ⅱ类场地条件下的基本地震动加速度反应谱特征周期值按表 2.2.2-2 的规定确定。工程场地类别应按本规范第 3.1.3 条规定确定。

表 2.2.2-2　设计地震分组与Ⅱ类场地地震动加速度反应谱特征周期的对应关系

设计地震分组	第一组	第二组	第三组
Ⅱ类场地基本地震动加速度反应谱特征周期	0.35s	0.40s	0.45s

【编制说明】

本条明确了设防烈度、设计基本加速度和设计地震分组等地震地面运动表征参数的确定原则。

采用什么样的参数、以何种方式来表征预期的地震地面运动是进行工程抗震设防和设计时需要首先解决的基本技术问题。

多年来地震经验表明，在宏观烈度相似的情况下，处在大震级、远震中距下的柔性建筑，其震害要比中、小震级近震中距的情况重得多；理论分析也发现，震中距不同时反应谱频谱特性并不相同。抗震设计时，对同样场地条件、同样烈度的地震，按震源机制、震级大小和震中距远近区别对待是必要的，建筑所受到的地震影响，需要采用设计地震动的强度及设计反应谱的特征周期来表征。

根据《防震减灾法》等法律法规的规定，由国务院地震工作主管部门负责编制并发布

《中国地震动参数区划图》。《中国地震动参数区划图》(GB 18306—2015) 采用双参数，即基本地震动峰值加速度和基本地震动加速度反应谱特征周期，来表征地震地面运动，同时，为了适应工程抗震设防的需要，还给出了基本地震烈度与基本地震动峰值加速度的对应关系。本条改自《建筑抗震设计规范》(GB 50011—2010) 第 3.2.1、3.2.2、3.2.3 条等条文。

作为一种简化,《建筑抗震设计规范》(GB J11—89) 主要借助于当时的地震烈度区划，引入了设计近震和设计远震，特征周期可能遭遇近、远两种地震影响，设防烈度为 9 度时只考虑近震的地震影响；在水平地震作用计算时，设计近、远震用二组地震影响系数 α 曲线表达，按远震的曲线设计就已包含两种地震用不利情况。

《建筑抗震设计规范》(GB 50011—2001) 明确引入了“设计基本地震加速度”和“设计特征周期”，与当时的《中国地震动参数区划》(GB 18306—2001) (图 A1：中国地震动峰值加速度区划图和图 B1：中国地震动反应谱特征周期区划图) 相匹配。

1. 设计基本地震加速度

“设计基本地震加速度”是根据建设部 1992 年 7 月 3 日颁发的建标 [1992] 419 号《关于统一抗震设计规范地面运动加速度设计取值的通知》而做出的。通知中有如下规定：

术语名称：设计基本地震加速度值。

定义：50 年设计基准期超越概率 10%的地震加速度的设计取值。

取值：7 度 0.10g，8 度 0.20g，9 度 0.40g。

GB 50011—2001 和 GB 50011—2010 规范中所列的设计基本地震加速度与抗震设防烈度的对应关系即来源于上述文件，其取值与《中国地震动参数区划图》(GB 18306—2015) 附录 A 所规定的“地震动峰值加速度”相当。同时，按 GB 18306 的规定，在 0.10g 和 0.20g 之间有一个 0.15g 的区域，0.20g 和 0.40g 之间有一个 0.30g 的区域，在这两个区域内建筑的抗震设计要求，除另有具体规定外，分别同 7 度和 8 度。

2. 设计特征周期

“设计特征周期”即设计所用的地震影响系数的特征周期 (T_g)，简称特征周期。

《89 规范》规定，其取值根据设计近、远震和场地类别来确定，我国绝大多数地区只考虑设计近震，需要考虑设计远震的地区很少 (约占县级城镇的 5%)。

《2001 规范》将《89 规范》的设计近震、远震改称设计地震分组，可更好体现震级和震中距的影响，建筑工程的设计地震分为三组。根据规范编制保持其规定延续性的要求和房屋建筑抗震设防决策,《2001 规范》的设计地震的分组在《中国地震动参数区划图》(GB 18306—2001) 附录 B 的基础上略作调整。

2010 年修订对各地的设计地震分组作了较大的调整，使之与《中国地震动参数区划图》(GB 18306—2001) 一致。2016 年局部修订继续保持这一原则，按照《中国地震动参数区划图》(GB 18306—2015) 附录 B 的规定确定设计地震分组。

本规范编制时，继续保持 GB 50011—2010 (2016 年版) 的原则：根据现行国家标准《中国地震动参数区划图》(GB 18306—2015) 的Ⅱ类场地条件下的基本地震动加速度反应谱特征周期值进行设计地震分组，然后根据设计地震你分组和场地类区别进一步确定特征周期。

【实施与检查】

1. 实施

在设计总说明中，应明确其抗震设防烈度；在结构计算书中，设计地震分组应准确（一般情况下，设计地震第一组允许省略）。

2. 检查

检查设防依据，查看设计总说明和计算书的设防烈度（含必要的设计基本地震加速度）和设计地震分组是否准确。

2.3　抗震设防分类与设防标准

2.3.1　抗震设防分类

2.3.1　抗震设防的各类建筑与市政工程，均应根据其遭受地震破坏后可能造成的人员伤亡、经济损失、社会影响程度及其在抗震救灾中的作用等因素划分为以下四个抗震设防类别：

1　特殊设防类应为使用上有特殊要求的设施，涉及国家公共安全的重大建筑与市政工程，和地震时可能发生严重次生灾害等特别重大灾害后果、需要进行特殊设防的建筑与市政工程，简称甲类；

2　重点设防类应为地震时使用功能不能中断或需尽快恢复的生命线相关建筑与市政工程，以及地震时可能导致大量人员伤亡等重大灾害后果，需要提高设防标准的建筑与市政工程，简称乙类；

3　标准设防类应为除本条第1款、第2款、第4款以外按标准要求进行设防的建筑与市政工程，简称丙类；

4　适度设防类应为使用上人员稀少且震损不致产生次生灾害，允许在一定条件下适度降低设防要求的建筑与市政工程，简称丁类。

【编制说明】

本条明确了建筑与市政工程抗震设防分类的基本原则和类别划分标准。

按照遭受地震破坏后可能造成的人员伤亡、经济损失和社会影响程度、及其在抗震救灾中的作用等因素将建筑与市政工程划分为不同的类别，采取不同的设防标准，是我国抗震防灾工作三大基本对策之一，即区别对待对策，是根据现有技术和经济条件的实际情况，为达到既要减轻地震灾害又要合理控制建设投资而作出的科学决策，也是世界各国抗震设计规范普遍采用的抗震对策。《建筑工程抗震设防分类标准》（GB 50223—2008）第3.0.1条从建筑破坏后果、城镇规模、建筑功能失效的影响等角度给出了建筑工程分类的基本原则。《08分类标准》第3.0.2条为强制性条文，明确给出了四个类别的界定标准。本条文改自《建筑工程抗震设防分类标准》（GB 50223—2008）第3.0.1条和3.0.2条（强条）。

1. 关于分类依据

划分抗震设防类别所需要考虑多方面的因素，即对各方面影响的综合分析来划分。根据《08 分类标准》第 3. 0. 1 条规定，这些影响因素主要包括：

（1）建筑破坏造成的人员伤亡、直接和间接经济损失及社会影响的大小。

（2）城镇的大小、行业的特点、工矿企业的规模。

（3）建筑使用功能失效后，对全局的影响范围大小、抗震救灾影响及恢复的难易程度。

（4）建筑各区段的重要性显著不同时，可按区段划分抗震设防类别。下部区段的类别不应低于上部区段。

（5）不同行业的相同建筑，当所处地位及地震破坏所产生的后果和影响不同时，其抗震设防类别可不相同。

上述因素，从性质看有人员伤亡、经济损失、社会影响等；从范围看有国际、国内、地区、行业、小区和单位；从程度看有对生产、生活和救灾影响的大小，导致次生灾害的可能，恢复重建的快慢等；在对具体的对象作实际的分析研究时，建筑工程自身抗震能力、各部分功能的差异及相同建筑在不同行业所处的地位等因素，对建筑损坏的后果也有不可忽视的影响，在进行设防分类时应对以上因素做综合分析。

作为划分抗震设防类别所依据的规模、等级和范围的大小界限，对于城镇的大小是以人口的多少区分，但对于不同行业的建筑，则定义不一样，例如，有的以投资规模区分，有的以产量大小区分，有的以等级区分，有的以座位多少区分。因此，特大型、大型和中小型的界限，与该行业的特点有关，还会随经济的发展而改变，需由有关标准和该行业的行政主管部门规定。由于不同行业之间对建筑规模和影响范围尚缺少定量的横向比较指标，不同行业的设防分类只能通过对上述多种因素的综合分析，在相对合理的情况下确定。

在一个较大的建筑中，若不同区段使用功能的重要性有显著差异，应区别对待，可只提高某些重要区段的抗震设防类别，其中，位于下部的区段，其抗震设防类别不应低于上部的区段。例如，区段按防震缝划分：对于面积较大的建筑工程，若设置防震缝分成若干个结构单元，各自有单独的疏散出入口而不是共用疏散口，各结构单元独立承担地震作用，彼此之间没有相互作用，人流疏散也较容易。这里，单独的出入口应符合《建筑设计防火规范》的规定。因此，当每个单元按规模划分属于标准设防类建筑时，可不提高抗震设防要求。又如，区段在一个结构单元内按上下划分：对于大底盘的高层建筑，当其下部裙房属于重点设防类的建筑范围时，一般可将其及与之相邻的上部高层建筑二层定为加强部位，按重点设防类进行抗震设计，其余各楼层仍可不提高设防要求；但是，当上部结构为重点设防类时，下部结构不论是什么类型，均应按重点设防类提高要求。

2. 关于类别界定

作为强制性条文，所有建筑与市政工程均应按本条要求，经综合考虑分析后归纳为四类：需要特殊设防的特殊设防类、需要提高设防要求的重点设防类、按标准要求设防的标准设防类和允许适度设防的适度设防类。与 2004 版及以前的《建筑工程抗震设防分类标准》相比，《08 分类标准》进一步突出了设防类别划分是侧重于使用功能和灾害后果的区分，并更强调体现对人员安全的保障。

本规范制修订时继续保持了《08分类标准》的基本原则。实际工程中，应用实施该条规定时，需要从以下几个方面进行把握：

(1) 划分抗震设防类别，是为了体现抗震防灾对策的区别对待原则。划分的依据，不仅仅是使用功能的重要性，而是《08分类标准》第3.0.1条所列举的多个因素的综合分析判别。

(2) 各个抗震设防类别的名称，在各设计规范和建筑工程的设计文件中，仍可继续使用甲类、乙类、丙类、丁类的简称。

(3) 抗震防灾是针对强烈地震而言的，一次地震在不同地区、同一地区不同建筑工程造成的灾害后果不同，把灾害后果区分为"特别重大、重大、一般、轻微（无次生）灾害"是合适的。所谓严重次生灾害，根据《防震减灾法》的规定，指地震破坏引发放射性污染、洪灾、火灾、爆炸、剧毒或强腐蚀性物质大量泄漏、高危险传染病病毒扩散等灾难。

(4) 鉴于我国地震区划图规定的基本烈度具有很大不确定性的事实，我国自《89规范》以来就明确要求：按现行技术标准设计的所有房屋建筑，均应达到"多遇地震不坏、设防烈度地震可修和罕遇地震不倒"的设防目标。2008年"5·12"汶川地震后，全国各方面的专家学者对地震震害进行了认真的反思和总结，结果表明：严格按照《89规范》或《2001规范》进行正规设计、正规施工和正常使用的各类建筑（其中包括中小学校舍），在遭遇比当地设防烈度高一度的地震作用下，没有出现倒塌破坏，有效地保护了人民的生命安全。这充分说明我国《89规范》以来，规定的三水准设防目标是可以保证的，吸取这一震害经验，绝大部分建筑均可划为标准设防类，一般简称丙类；需要提高防震减灾能力的建筑控制在很小的范围，按重点设防和特殊设防对待。

(5) 市政工程中，按《室外给水排水和煤气热力工程抗震设计规范》（GB 50032—2003）设计的给排水和热力工程，应在遭遇设防烈度地震影响下不需修理或经一般修理即可继续使用，其管网不致引发次生灾害，因此，绝大部分给排水、热力工程等市政基础设施的抗震设防类别也可划为标准设防类。

【实施与检查】

1. 实施

(1) 划分抗震设防类别，是为了体现抗震防灾对策的区别对待原则。划分的依据，不仅仅是使用功能的重要性，而是多个因素的综合分析判别。

(2) 各个抗震设防类别的名称，在工程设计文件中，可采用甲类、乙类、丙类、丁类的简称。

(3) 本条规定是最低要求，有条件的投资方可以采取更高的设防类别。

2. 检查

检查项目：设防分类是否合适：

(1) 查看设计总说明中列举的规范是否包含《建筑与市政工程抗震通用规范》以及相关的技术标准。

(2) 查看设计总说明和结构计算书中的抗震设防类别是否合适。

2.3.2 抗震设防标准

2.3.2 各抗震设防类别建筑与市政工程，其抗震设防标准应符合下列规定：

1 标准设防类，应按本地区抗震设防烈度确定其抗震措施和地震作用，达到在遭遇高于当地抗震设防烈度的预估罕遇地震影响时不致倒塌或发生危及生命安全的严重破坏的抗震设防目标。

2 重点设防类，应按本地区抗震设防烈度提高一度的要求加强其抗震措施；但抗震设防烈度为 9 度时应按比 9 度更高的要求采取抗震措施；地基基础的抗震措施，应符合有关规定。同时，应按本地区抗震设防烈度确定其地震作用。

3 特殊设防类，应按本地区抗震设防烈度提高一度的要求加强其抗震措施；但抗震设防烈度为 9 度时应按比 9 度更高的要求采取抗震措施。同时，应按批准的地震安全性评价的结果且高于本地区抗震设防烈度的要求确定其地震作用。

4 适度设防类，允许比本地区抗震设防烈度的要求适当降低其抗震措施，但抗震设防烈度为 6 度时不应降低。一般情况下，仍应按本地区抗震设防烈度确定其地震作用。

5 当工程场地为 Ⅰ 类时，对特殊设防类和重点设防类工程，允许按本地区设防烈度的要求采取抗震构造措施；对标准设防类工程，抗震构造措施允许按本地区设防烈度降低一度、但不得低于 6 度的要求采用。

6 对于城市桥梁，其多遇地震作用尚应根据抗震设防类别的不同乘以相应的重要性系数进行调整。特殊设防类、重点设防类、标准设防类以及适度设防类的城市桥梁，其重要性系数分别不应低于 2.0、1.7、1.3 和 1.0。

【编制说明】

本条明确了各类工程的抗震设防标准。

划分抗震设防类别，是为了体现抗震防灾对策的区别对待原则，其主要体现在抗震设防标准的差别上。

所谓的抗震设防标准，指衡量工程结构所应具有的抗震防灾能力高低的尺度。结构的抗震防灾能力取决于结构所具有的承载力和变形能力两个不可分割的因素，因此，工程结构抗震设防标准具体体现为抗震设计所采用的抗震措施的高低和地震作用取值的大小。这个要求的高低，依据抗震设防类别的不同在当地设防烈度的基础上分别予以调整。

抗震措施，指的是除地震作用计算和抗力计算以外的所有抗震设计内容，即包括设计规范对各类结构抗震设计的一般规定、地震作用效应（内力）调整、构件的尺寸、最小构造配筋等细部构造要求等等设计内容。在当代的地震科学发展阶段，地震区划图所给出的烈度具有很大不确定性，抗震措施对于保证结构抗震防灾能力是十分重要的。因此，在现有的经济技术条件下，我国抗震设防标准的不同主要体现为抗震措施的差别，与某些发达国家侧重于只提高地震作用（10%~30%）而不提高抗震措施，在概念上有所不同：提高抗震措施，目的是增加结构延性，提高结构的变形能力，着眼于把有限的财力、物力用在增加结构关键部位或薄弱部位的抗震能力上，是经济而有效的方法；而提高地震作用，目的是增加结构强度，进而提高结构的抗震能力，结构的所有构件均需全面增加材料，投资会全面增加而效果不如前者，投资效益较差。

各类工程设防标准的差别汇总如表 2. 3. 2-1 所示，需要注意的是：

（1）标准设防类的要求是最基本要求，是其他各类工程抗震设防标准提高或降低的基准。

（2）重点设防类和特殊设防类的抗震措施均是在标准设防类的基础上，再提高一度进行加强。

（3）适度设防类的抗震措施，允许根据实际情况，在标准设防类的基础上适当降低。

（4）除特殊设防类外，其他各类建筑的地震作用均应根据本地区的设防烈度确定。

（5）特殊设防类工程的地震作用应按地震安全性评价结果确定，但是安评结果要满足以下两个条件方可使用：①安评结果必须经过地震工作主管部门的审批；②安评结果不应低于规范的地震作用要求。

表 2. 3. 2－1　各类工程抗震设防标准比较表

设防类别	设防标准	
	抗震措施	地震作用
标准设防类	按设防烈度确定	按设防烈度，根据规范确定
重点设防类	提高一度确定	按设防烈度，根据规范确定
特殊设防类	提高一度确定	按批准的安评结果确定，但不应低于规范
适度设防类	适度降低	按设防烈度，根据规范确定

对于城市桥梁，由于体系冗余较少，抗震设防类别的差别还体现为强度要求的不同，采用重要性系数对不同类别桥梁的设计地震作用进行调整。

本条改自《建筑工程抗震设防分类标准》（GB 50223—2008）第 3. 0. 3 条（强制性条文），《建筑抗震设计规范》（GB 50011—2010）第 3. 3. 2 条（强条）、第 3. 3. 3 条，《城市桥梁抗震设计规范》（CJJ 166—2011）第 3. 2. 2 条。

【实施与检查】

1. 实施

（1）甲类地震作用计算取值标准的掌握。

甲类工程，应按高于当地抗震设防烈度取值，其值应按批准的地震安全性评价的结果确定。这意味着，提高的幅度应经专门研究，并需要按规定的权限审批。限于当前的技术水平，当按地震安全性评价结果所提供的参数计算的地震作用会小于按设防烈度和规范方法计算的结果时，仍需比按规范方法的计算结果有所提高。条件许可时，专门研究可包括基于建筑地震破坏损失和投资关系的优化原则确定的方法。

（2）抗震措施和抗震构造措施要求高低的掌握。

所谓的“抗震措施”，是指除了地震作用计算和构件抗力计算以外的抗震设计内容，包括建筑总体布置、结构选型、地基抗液化措施、考虑概念设计对地震作用效应（内力和变形等）的调整，以及各种抗震构造措施；而“抗震构造措施”，是指根据抗震概念设计的原则，一般不需计算而对结构和非结构各部分所采取的细部构造。因此，抗震措施的提高和降低，包括规范各章中除地震作用计算和抗力计算的所有规定；而抗震构造措施只是抗震措施的一部分，其提高和降低的规定仅涉及抗震设防标准的部分调整问题。需要注意“抗震措施”和“抗震构造措施”二者的区别和联系。

（3）作为抗震设防标准的例外，有下列几种情况：

①9 度设防的特殊设防、重点设防类，其抗震措施为高于 9 度，不是提高一度。

②根据震害经验，对Ⅰ类场地，除 6 度设防外均允许降低一度采取抗震措施中的抗震构造措施。

③对于城市桥梁，由于体系冗余较少，抗震设防类别的差别还体现为强度要求的不同，采用重要性系数对不同类别桥梁的设计地震作用进行调整。

④确定是否液化及液化等级，只与设防烈度有关而与设防分类无关；但对同样的液化等级，抗液化措施与设防分类有关，其具体规定不按提高一度或降低一度的方法处理。

⑤混凝土结构和钢结构房屋的最大适用高度：重点设防类与标准设防相同，不按提高一度的规定采用。

⑥多层砌体房屋的总高度和层数控制：重点设防类比标准设防类降低 3m、层数减少一层，即 7 度设防时与提高一度的控制结果相同，而对 6、8、9 度设防时不按提高一度的规定执行。

2. 检查

检查设防标准，查看房屋高度、抗液化措施、地震作用取值、内力调整和构造措施等是否符合相关控制要求。

2.4 工程抗震体系

2.4.1 抗震体系的基本要求

2.4.1 **建筑与市政工程的抗震体系应根据工程抗震设防类别、抗震设防烈度、工程空间尺度、场地条件、地基条件、结构材料和施工等因素，经技术、经济和使用条件综合比较确定，并应符合下列规定：**

1 **具有清晰、合理的地震作用传递途径。**

2 **具备必要的刚度、强度和耗能能力。**

3 **具有避免因部分结构或构件破坏而导致整个结构丧失抗震能力或对重力荷载的承载能力。**

4 **结构构件应具有足够的延性，避免脆性破坏。**

5 **桥梁结构尚应有可靠的位移约束措施，防止地震时发生落梁破坏。**

【编制说明】

本条明确了各类工程结构抗震体系确定的总体原则和基本要求。

抗震体系是工程结构抗御地震作用的核心组成部分，对其选型和基本要求作出强制性规定，是实现预期抗震设防目标的基本保障。为提高桥梁结构抗震性能，在汲取历次地震震害教训基础上，提出防落梁要求，防止地震作用下桥梁结构整体倒塌破坏，切断震区交通生命线。

对于建筑结构来说，其抗震性能良好与否主要取决于以下几个方面：

1. 合理的传力体系

良好的抗震结构体系要求受力明确、传力合理且传力路线不间断，使结构的抗震分析更符合结构在地震时的实际表现。但在实际设计中，建筑师为了达到建筑功能上对大空间、好景观的要求，常常精简部分结构构件，或在承重墙开大洞，或在房屋四角开门、窗洞，破坏了结构整体性及传力路径，最终导致地震时破坏。这种震害几乎在国内外的许多地震中都能发现，需要引起设计师的注意。

对于少量的次梁转换，设计时对不落地构件（混凝土墙、砖抗震墙、柱、支撑等）地震作用的传递途径（构件—次梁—主梁—落地竖向构件）要有明确的计算，并采取相应的加强措施，方可视为有明确的计算简图和合理的传递途径。

2. 多道抗震防线

一次巨大地震产生的地面运动，能造成建筑物破坏的强震持续时间，少则几秒，多则几十秒，有时甚至更长（比如汶川地震的强震持续时间达到80s以上）。如此长时间的震动，一个接一个的强脉冲对建筑物产生往复式的冲击，造成积累式的破坏。如果建筑物采用的是仅有一道防线的结构体系，一旦该防线破坏后，在后续地面运动的作用下，就会导致建筑物的倒塌。特别是当建筑物的自振周期与地震动卓越周期相近时，建筑物会由此而发生共振，更加速其倒塌进程。如果建筑物采用的是多重抗侧力体系，第一道防线的抗侧力构件破坏后，后备的第二道乃至第三道防线的抗侧力构件立即接替，抵挡住后续的地震冲击，进而保证建筑物的最低限度安全，避免倒塌。在遇到建筑物基本周期与地震动卓越周期相近的情况时，多道防线就显示出其良好的抗震性能。当第一道防线因共振破坏后，第二道接替工作，建筑物的自振周期将出现大幅度变化，与地震动的卓越周期错开，避免出现持续的共振，从而减轻地震的破坏作用。

因此，设置合理的多道防线，是提高建筑抗震能力、减轻地震破坏的必要手段。多道防线的设置，原则上应优先选择不负担或少负担重力荷载的竖向支撑或填充墙，或者选用轴压比较小的抗震墙、实墙筒体等构件作为第一道抗震防线，一般情况下，不宜采用轴压比很大的框架柱兼作第一道防线的抗侧力构件。例如，在框架-抗震墙体系中，延性的抗震墙是第一道防线，令其承担全部地震力，延性框架是第二道防线，要承担墙体开裂后转移到框架的部分地震剪力。对于单层工业厂房，柱间支撑是第一道抗震防线，承担了厂房纵向的大部分地震力，未设支撑的开间柱则承担因支撑损坏而转移的地震力。

3. 足够的侧向刚度

根据结构反应谱分析理论，结构越柔，自振周期越长，结构在地震作用下的加速度反应越小，即地震影响系数 α 越小，结构所受到的地震作用就越小。但是，是否就可以据此把结构设计得柔一些，以减小结构的地震作用呢？

自1906年洛杉矶地震以来，国内外的建筑地震震害经验（如前所述）表明，对于一般性的高层建筑，还是刚比柔好。采用刚性结构方案的高层建筑，不仅主体结构破坏轻，而且由于地震时结构变形小，隔墙、围护墙等非结构构件受到保护，破坏也较轻。而采用柔性结构方案的高层建筑，由于地震时产生较大的层间位移，不但主体结构破坏严重，非结构构件也大量破坏，经济损失惨重，甚至危及人身安全。所以，层数较多的高层建筑，不宜采用刚度较小的框架体系，而应采用刚度较大的框架-抗震墙体系、框架-支撑体系或筒中筒体系等抗侧力体系。

正是基于上述原因，目前世界各国的抗震设计规范都对结构的抗侧刚度提出了明确要求，具体的做法是，依据不同结构体系和设计地震水准，给出相应结构变形限值要求。如表2.4.1-1和表2.4.1-2所示，分别为GB 50011—2010规定的各类结构多遇地震和罕遇地震下的变形限值要求。

表2.4.1-1 GB 50011—2010 各类结构多遇地震下弹性层间位移角限值

结构类型	$[\theta_e]$
钢筋混凝土框架	1/550
钢筋混凝土框架-抗震墙、板柱-抗震墙、框架-核心筒	1/800
钢筋混凝土抗震墙、筒中筒	1/1000
钢筋混凝土框支层	1/1000
多、高层钢结构	1/250

表2.4.1-2 GB 50011—2010 各类结构罕遇地震下弹塑性层间位移角限值

结构类型	$[\theta_p]$
单层钢筋混凝土柱排架	1/30
钢筋混凝土框架	1/50
底部框架砖房中的框架-抗震墙	1/100
钢筋混凝土框架-抗震墙、板柱-抗震墙、框架-核心筒	1/100
钢筋混凝土抗震墙、筒中筒	1/120
多、高层钢结构	1/50

4. 足够的冗余度

对于建筑抗震设计来说，防止倒塌是我们的最低目标，也是最重要和必须要得到保证的要求。因为只要房屋不倒塌，破坏无论多么严重也不会造成大量的人员伤亡。而建筑的倒塌往往都是结构构件破坏后致使结构体系变为机动体系的结果，因此，结构的冗余度（即超静定次数）越多，进入倒塌的过程就越长。

从能量耗散角度看，在一定地震强度和场地条件下，输入结构的地震能量大体上是一定的。在地震作用下，结构上每出现一个塑性铰，即可吸收和耗散一定数量的地震能量。在整个结构变成机动体系之前，能够出现的塑性铰越多，耗散的地震输入能量就越多，就更能经受住较强地震而不倒塌。从这个意义上来说，结构冗余度越多，抗震安全度就越高。

另外，从结构传力路径上看，超静定结构要明显优于静定结构。对于静定的结构体系，其传递水平地震作用的路径是单一的，一旦其中的某一根杆件或局部节点发生破坏，整个结构就会因为传力路线的中断而失效。而超静定结构的情况就好得多，结构在超负荷状态工作时，破坏首先发生在赘余杆件上，地震作用还可以通过其他途径传至基础，其后果仅仅是降低了结构的超静定次数，但换来的却是一定数量地震能量的耗散，而整个结构体系仍然是稳定的、完整的，并且具有一定的抗震能力。

因此，一个好的抗震结构体系，一定要从概念角度去把握，保证其具有足够多的冗余度。

5. 良好的结构屈服机制

一个良好的结构屈服机制，其特征是结构在其杆件出现塑性铰后，竖向承载能力基本保持稳定，同时，可以持续变形而不倒塌，进而最大限度地吸收和耗散地震能量。因此，一个良好的结构屈服机制应满足下列条件：

（1）结构的塑性发展从次要构件开始，或从主要构件的次要杆件（部位）开始，最后才在主要构件上出现塑性铰，从而形成多道防线；

（2）结构中所形成的塑性铰的数量多，塑性变形发展的过程长；

（3）构件中塑性铰的塑性转动量大，结构的塑性变形量大。

一般而言，结构的屈服机制可分为两个基本类型，即楼层屈服机制和总体屈服机制。所谓楼层屈服机制，指的是结构在侧向荷载作用下，竖向杆件先于水平杆件屈服，导致某一楼层或某几个楼层发生侧向整体屈服。可能发生此种屈服机制的结构有弱柱框架结构，强连梁剪力墙结构等。所谓总体屈服机制，指的是结构在侧向荷载作用下，全部水平杆件先于竖向杆件屈服，然后才是竖向杆件的屈服。可能发生此种屈服机制的结构有强柱框架结构，弱连梁剪力墙结构等。

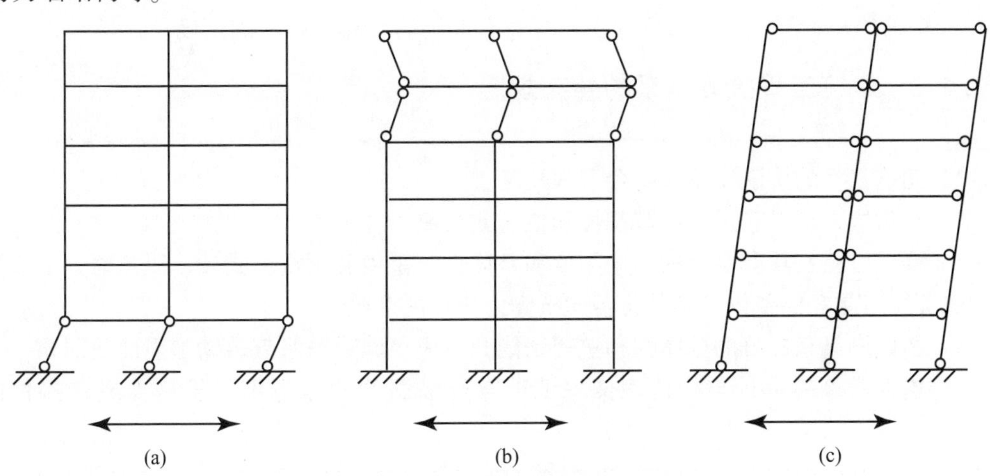

图 2. 4. 1－1　框架结构的屈服机制

（a）、（b）为楼层机制；（c）为总体机制从图 2. 4. 1 - 1 可以清楚看出：①结构发生总体屈服时，其塑性铰的数量远比楼层屈服要多；②发生总体屈服的结构，侧向变形的竖向分布比较均匀，而发生楼层屈服的结构，不仅侧向变形分布不均匀，而且薄弱楼层处存在严重的塑性变形集中。因此，从建筑抗震设计的角度，我们要有意识地配置结构构件的刚度与强度，确保结构实现总体屈服机制。

本条文改自《建筑抗震设计规范》（GB 50011—2010）第 3. 5. 1 条、第 3. 5. 2 条（强制性条文)，《城市桥梁抗震设计规范》（CJJ 166—2011）第 3. 4. 1 条。

【实施与检查】

1. 实施

（1）结构体系应受力明确、传力合理、具备必要的承载力和良好延性。要防止局部的加强导致整个结构刚度和强度不协调；有意识地控制薄弱层，使之有足够的变形能力又不发生薄弱层（部位）转移，是提高结构整体抗震能力的有效手段。结构设计应尽可能在建筑方案的基础上采取措施避免薄弱部位的地震破坏导致整个结构的倒塌；一旦不改变建筑方案无法在现有经济技术条件下采取措施防止倒塌，则应根据规定对建筑方案进行调整。

（2）结构薄弱层和薄弱部位的判别、验算及加强措施，应针对具体情况正确处理，使其确实有效：

①结构在强烈地震下不存在强度安全储备，构件的实际承载力分析（而不是承载力设计值的分析）是判断薄弱层（部位）的基础；

②要使楼层（部位）的实际承载力和设计计算的弹性受力之比在总体上保持一个相对均匀的变化，一旦楼层（或部位）的这个比例有突变时，会由于塑性内力重分布导致塑性变形的集中；

③要防止在局部上加强而忽视整个结构各部位刚度、强度的协调；

④在抗震设计中有意识、有目的地控制薄弱层（部位)，使之有足够的变形能力又不使薄弱层发生转移，这是提高结构总体抗震性能的有效手段。

2. 检查

检查结构体系，查看复杂的传递途径是否有准确的计算和相应的措施。

2. 4. 2 建筑工程抗震体系的补充规定

2. 4. 2 建筑工程的抗震体系应符合下列规定：

1 结构体系应具有足够的牢固性和抗震冗余度。

2 楼、屋盖应具有足够的面内刚度和整体性。采用装配整体式楼、屋盖时，应采取措施保证楼、屋盖的整体性及其与竖向抗侧力构件的连接。

3 基础应具有良好的整体性和抗转动能力，避免地震时基础转动加重建筑震害。

4 构件连接的设计与构造应能保证节点或锚固件的破坏不先于构件或连接件的破坏。

【编制说明】

本条属于建筑工程抗震体系的补充要求，在第 2. 4. 1 条的基础上，进一步对建筑工程结构体系的牢固性与冗余度、楼屋盖的整体性、基础的整体性、构件连接设计与构造的基本原则等提出强制性要求。

本条针对房屋建筑的具体情况，给出的基本措施要求是历次地震灾害的经验或教训的总结，并经过了实际强震检验证明属于行之有效的、基本的抗震概念或原则，也是保证工程抗震质量，实现预期设防目标的基本手段，需要在国家层面作出强制性要求。

本条条文改自《建筑抗震设计规范》（GB 50011—2010）第3.5.3条至第3.5.6条、第6.1.5条、第8.1.5条等。

2.4.3　市政工程抗震体系的补充规定

> 2.4.3　**城镇给水排水和燃气热力工程的抗震体系应符合下列规定：**
>
> 1　**同一结构单元应具有良好的整体性。**
>
> 2　**埋地管道应采用延性良好的管材或沿线设置柔性连接措施。**
>
> 3　**装配式结构的连接构造，应保证结构的整体性及抗震性能要求。**
>
> 4　**管道与构筑物或固定设备连接时，应采用柔性连接构造。**

【编制说明】

本条属于城镇给水排水和燃气热力工程抗震体系的补充要求，是在第2.4.1条要求的基础上，进一步对市政工程结构的整体性、埋地管道的材性与连接要求、装配式结构的整体性、管道与构筑物或固定设备连接的柔性要求等提出强制性要求。

本条针对城镇给水排水和燃气热力工程的特点提出的针对性要求，是历次地震灾害的经验或教训的总结，并经过了实际强震检验证明属于行之有效的、基本的抗震概念或原则，也是保证工程抗震质量，实现预期设防目标的基本手段，需要在国家层面作出强制性要求。

本条文改自《建筑抗震设计规范》（GB 50011—2010）第3.5.3条至第3.5.6条及《城镇给水排水技术规范》（GB 50788）相关内容。

2.4.4　结构缝的控制性要求

> 2.4.4　**相邻建（构）筑物之间或同一建筑物不同结构单体之间的伸缩缝、沉降缝、防震缝等结构缝应采取有效措施，避免地震下碰撞或挤压产生破坏。**

【编制说明】

本条明确了相邻建筑（或结构）的地震碰撞控制要求。

鉴于近期大地震中相邻建筑（或结构）碰撞破坏频繁，且实际工程中防震缝的使用、管理不当进一步加重碰撞风险，本规范提出要保证地震作用下相邻建筑（或结构）不发生碰撞，并对防震缝的管理和使用提出明确要求是必要的。

一般而言，体型简单、结构布置均匀对称的建筑方案比较受工程设计人员喜欢。但是，在实际工程中，往往由于使用功能的需要、建筑场地的限制等原因，很难保证建筑方案简单规则。然而，对于体型复杂的建筑，是否一定要通过设置防震缝的办法将其分割为多个简单、规则的结构单体呢？国内外历次地震的建筑震害表明，设置防震缝后，一旦防震缝的构造不当，或对地震时结构实际位移估计不足，导致防震缝宽度相对不足，均不可避免地造成相邻建筑或结构单元的碰撞破坏（图 2. 4. 4－1 至图 2. 4. 4－4）。

(a)

(b)

图 2. 4. 4－1　汶川地震中相邻建筑的碰撞破坏实例（1）（拍摄：白雪霜）

（a）防震缝宽度不够，高低建筑相互碰撞造成墙体破坏；（b）相邻建筑地震中相互碰撞，损坏严重

图 2. 4. 4－2　汶川地震中相邻建筑的碰撞破坏实例（2）（拍摄：罗开海）

施工模板等杂物填塞防震缝，相邻两栋建筑地震时相互碰撞、积压，导致其中一栋建筑的填充墙倒塌

图 2.4.4－3　汶川地震中相邻建筑的碰撞破坏实例（3）（拍摄：王亚勇）

汶川地震中北川县公安局办公楼与两侧宿舍楼碰撞，导致西侧宿舍楼倒塌，并引起其他建筑的连续倒塌

(a)

(b)

图 2.4.4－4　玉树地震中玉树州综合职业技术学校两栋学生公寓楼的碰撞破坏情况（拍摄：罗开海）

（a）男生公寓楼，地震中，防震缝两侧的结构单体相互碰撞，西侧结构局部倒塌；

（b）女生公寓楼，地震中，防震缝两侧的结构单体相互碰撞，东侧结构完全倒塌，西侧结构的碰撞产生的斜裂缝清晰可见

针对复杂建筑结构的震害表现，我国《建筑抗震设计规范》（GB 50011—2001）规定，“体型复杂、平立面特别不规则的建筑结构，可按实际需要在适当部位设置防震缝，形成多个较规则的抗侧力结构单元”。其本意是，在进行建筑结构设计时，应通过调整建筑平面形状和尺寸，在构造上和施工上采取措施，尽可能不设缝（伸缩缝、沉降缝和防震缝）；而且，对于体型复杂的建筑并不一概提倡设置防震缝，当不设防震缝时，应按规定进行更精细的抗震分析并采取加强延性的构造措施；当必须设置防震缝时，应根据抗震设防烈度、结构材料种类、结构类型、结构单元的高度和高差情况，留有足够的宽度，其两侧的上部结构应

完全分开。当设置伸缩缝和沉降缝时，其宽度应符合防震缝的要求。

《建筑抗震设计规范》（GB 50011—2010）进一步明确，对于体型复杂、平立面不规则的建筑并不要求必须设置防震缝，而是要根据不规则程度、地基基础条件和技术经济等因素的比较分析，确定是否设置防震缝，并分别给出针对性要求。其本意也是“不提倡”设缝，建议尽量不要设置防震缝，而是通过采取精细的计算分析和有针对性的构造措施及施工措施来解决复杂结构的问题：

（1）注意调整建筑布局和结构布置，尽可能使建筑物的刚度中心和质量中心重合或接近，并保证具有足够的动力对称性，以减少扭转效应。

（2）剪力墙或壁式框架等强度和刚度较大的抗侧力构件尽可能沿建筑周边布置，以增大抗扭刚度，减小结构的地震扭转效应。

（3）在初步设计阶段，结合建筑专业布局，优化局部结构布置，尽可能减小平面凹凸转角、叠角建筑的细腰部位等处的应力集中效应。

（4）在结构计算分析时，应注意采取三维空间计算模型，局部应力集中部位应采用弹性楼板模型，同时，应考虑双向水平地震作用的扭转效应。

（5）对于局部应力集中部位，应按更高的性能目标进行设计。例如，对于薄弱部位的楼板，宜按大震弹性的要求控制截面的剪压比，以防止罕遇地震下局部楼板的剪切破坏。

（6）在构造措施方面，应注意加强局部应力集中部位楼板的构造与配筋，对于此区域楼板的边缘构件——边梁，应特别注意加强抗拉钢筋的配置。

此次《建筑与市政工程抗震通用规范》制定时，继续保持了 GB 50011—2010 的这一思想，并参考欧洲规范 EN1998-1：2004 第 4.4.2.7 条有关防震缝的设置要求，要求结构缝应采取有效措施，避免地震下碰撞或挤压产生破坏。

2.4.5 材料与施工的专门要求

> 2.4.5 **抗震结构体系对结构材料（包含专用的结构设备）、施工工艺的特别要求，应在设计文件上注明。**

【编制说明】

本条明确设计文件中必须注明的抗震相关材料、施工以及附属设施的特别要求。

结构材料、施工质量以及附属机电设备的抗震措施等均会对工程抗震防灾能力构成重要影响，为保证工程实现预期设防目标，需要在设计文件中明确上述特别要求。

抗震结构对材料选用的质量控制要求，主要是高强轻质并减少材料的脆性。本条规定抗震结构对材料和施工质量的特别要求，设计人员应在设计文件上注明。关于抗震结构所需的最低结构材料性能要求，如最低强度指标、屈强比、延伸率、可焊性和冲击韧性等，根据此次工程规范编制的分工与协调，由相关专业的通用规范加以规定。

1. 关于砌体和混凝土强度等级要求

关于砌体和混凝土强度等级的强制性要求，现行标准中，在《建筑抗震设计规范》（GB 50011—2010）第 3.9.2 条规定，此次修订分别由《砌体结构通用规范》和《混凝土结构通用规范》进行规定。

1）关于砌体强度等级的要求

GB 55007—2021《砌体结构通用规范》：

3.2.4　对处于环境类别1类和2类的承重砌体，所用块体材料的最低强度等级应符合表3.2.4的规定；对配筋砌块砌体抗震墙，表3.2.4中1类和2类环境的普通、轻骨料混凝土砌块强度等级为MU10；安全等级为一级或设计工作年限大于50年的结构，表3.2.4中材料强度等级应至少提高一个等级。

表3.2.4　1类、2类环境下块体材料最低强度等级

环境类别	烧结砖	混凝土砖	普通、轻骨料混凝土砌块	蒸压普通砖	蒸压加气混凝土砌块	石材
1	MU10	MU15	MU7.5	MU15	A5.0	MU20
2	MU15	MU20	MU7.5	MU20	-	MU30

3.2.5　对处于环境类别3类的承重砌体，所用块体材料的抗冻性能和最低强度等级应符合表3.2.5的规定。设计工作年限大于50年时，表3.2.5的抗冻指标应提高一个等级，对严寒地区抗冻指标提高为F75。

表3.2.5　3类环境下块体材料抗冻性能与最低强度等级

环境类别	冻融环境	抗冻性能			块材最低强度等级		
		抗冻指标	质量损失（%）	强度损失（%）	烧结砖	混凝土砖	混凝土砌块
3	微冻地区	F25	≤5	≤20	MU15	MU20	MU10
	寒冷地区	F35			MU20	MU25	MU15
	严寒地区	F50			MU20	MU25	MU15

3.2.6　处于环境类别4类、5类的承重砌体，应根据环境条件选择块体材料的强度等级、抗渗、耐酸、耐碱性能指标。

3.2.7　夹心墙的外叶墙的砖及混凝土砌块的强度等级不应低于MU10。

3.3.1　砌筑砂浆的最低强度等级应符合下列规定：

1　设计工作年限大于和等于25年的烧结普通砖和烧结多孔砖砌体应为M5，设计工作年限小于25年的烧结普通砖和烧结多孔砖砌体应为M2.5；

2　蒸压加气混凝土砌块砌体应为Ma5，蒸压灰砂普通砖和蒸压粉煤灰普通砖砌体应为Ms5；

3　混凝土普通砖、混凝土多孔砖砌体应为Mb5；

4　混凝土砌块、煤矸石混凝土砌块砌体应为Mb7.5；

5　配筋砌块砌体应为Mb10；

6　毛料石、毛石砌体应为M5。

《砌体结构通用规范》的上述要求，已包含了《建筑抗震设计规范》(GB 50011—2010) 第 3. 9. 2 条第 1 款有关砌体结构材料的相关要求。

2) 混凝土结构材料强度的要求

GB 55008—2021《混凝土结构通用规范》:

> 2. 0. 2 结构混凝土强度等级的选用应满足工程结构的承载力、刚度及耐久性需求。对设计工作年限为 50 年的混凝土结构，结构混凝土的强度等级尚应符合下列规定；对设计工作年限大于 50 年的混凝土结构，结构混凝土的最低强度等级应比下列规定提高。
>
> 1 素混凝土结构构件的混凝土强度等级不应低于 C20；钢筋混凝土结构构件的混凝土强度等级不应低于 C25；预应力混凝土楼板结构的混凝土强度等级不应低于 C30，其他预应力混凝土结构构件的混凝土强度等级不应低于 C40；钢-混凝土组合结构构件的混凝土强度等级不应低于 C30 。
>
> 2 承受重复荷载作用的钢筋混凝土结构构件，混凝土强度等级不应低于 C30。
>
> 3 抗震等级不低于二级的钢筋混凝土结构构件，混凝土强度等级不应低于 C30。
>
> 4 采用 500MPa 及以上等级钢筋的钢筋混凝土结构构件，混凝土强度等级不应低于 C30。
>
> 3. 2. 3 对按一、二、三级抗震等级设计的房屋建筑框架和斜撑构件，其纵向受力普通钢筋性能应符合下列规定:
>
> 1 抗拉强度实测值与屈服强度实测值的比值不应小于 1. 25;
>
> 2 屈服强度实测值与屈服强度标准值的比值不应大于 1. 30;
>
> 3 最大力总延伸率实测值不应小于 9%。

《混凝土结构通用规范》的上述要求，已包含了《建筑抗震设计规范》（GB 50011—2010）第 3. 9. 2 条第 2 款第 1）项有关混凝土结构材料强度的相关要求。

需要注意的是，对砌体结构和钢筋混凝土结构的材料强度等级要求，是材料强度的最低要求，属于强制性要求，不满足时应按工程质量事故对待。

2. 关于钢筋的要求

关于混凝土结构钢筋的材料性能要求，现行标准《建筑抗震设计规范》（GB 50011—2010）在第 3. 9. 2 条第 2 款第 2）项给出了强制性要求，同时在第 3. 9. 3 条进一步给出了补充要求。此次修订《混凝土结构通用规范》对此进行了较为详尽的规定。

GB 55008—2021《混凝土结构通用规范》:

> 3. 2. 3 对按一、二、三级抗震等级设计的房屋建筑框架和斜撑构件，其纵向受力普通钢筋性能应符合下列规定:
>
> 1 抗拉强度实测值与屈服强度实测值的比值不应小于 1. 25;
>
> 2 屈服强度实测值与屈服强度标准值的比值不应大于 1. 30;
>
> 3 最大力总延伸率实测值不应小于 9%。

（1）纵向受力钢筋检验所得的抗拉强度实测值与屈服强度实测值的比值不小于1.25，目的是使结构某部位出现较大塑性变形或塑性铰后，钢筋在大变形条件下具有必要的强度潜力，保证构件的基本抗震承载力。

（2）纵向受力钢筋检验所得的屈服强度实测值与屈服强度标准值的比值不应大于1.3，主要是为了保证"强柱弱梁""强剪弱弯"设计要求的效果不致因钢筋屈服强度离散性过大而受到干扰。

（3）钢筋最大力下的总伸长率不应小于9%，主要为了保证在抗震大变形条件下，钢筋具有足够的塑性变形能力。

（4）适用对象：抗震等级为一、二、三级的框架（包括框架梁柱、框支梁、框支柱、板柱-抗震墙的柱），以及各类斜撑构件（包括框架-支撑结构的支撑、加强层伸臂桁架的斜撑、楼梯的梯段等）中的纵向受力钢筋必须满足上述强制性要求；箍筋及其他各类构件的钢筋，一般情况下也要求满足上述要求。

（5）上述钢筋抗震性能指标的取值依据产品标准《钢筋混凝土用钢　第2部分：热轧带肋钢筋》（GB 1499.2—2007）规定的钢筋抗震性能指标提出，凡钢筋产品标准中带E编号的钢筋，如HRB400E、HRB500E、HRBF400E、HRBF500E，均符合抗震性能指标，工程设计中宜优先采用；正规建筑用钢生产厂家的一般热轧钢筋，经材性检验满足上述指标要求时，可以作为纵向受力钢筋使用。

（6）关于选筋：抗震设计时，框架梁、框架柱、剪力墙等结构构件的纵向受力钢筋宜选用HRB400级、HRB500级热轧带肋钢筋；箍筋宜选用HRB400、HRB500、HPB300级热轧钢筋。当有较高要求时，也可采用现行国家标准《钢筋混凝土用钢　第2部分：热轧带肋钢筋》（GB 1499.2）中牌号为HRB400E、HRB500E、HRBF400E、HRBF500E的钢筋。

3. 关于钢筋代换

关于混凝土结构施工期间的钢筋代换要求，《建筑抗震设计规范》（GB 50011—2010）在第3.9.4条给出了强制性要求，此次修订《混凝土结构通用规范》对此进行了较为详尽的规定。

GB 55008—2021《混凝土结构通用规范》：

2.0.11　当施工中进行混凝土结构构件的钢筋、预应力筋代换时，应符合设计规定的构件承载能力、正常使用、配筋构造及耐久性能要求，并应取得设计变更文件。

混凝土结构施工中，往往因缺乏设计规定的钢筋型号（规格）而采用另外型号（规格）的钢筋代替，此时应注意按等强换算的原则进行代换，即全部受力钢筋的总截面面积乘以钢筋抗拉强度设计值的乘积相等的原则。等强换算的目的是避免出现原设计没有预料到的抗震薄弱部位，形成变形集中，以及构件在有影响的部位发生混凝土的脆性破坏（混凝土压碎、剪切破坏等），以免造成薄弱部位的转移导致结构严重破坏甚至倒塌。

除按照上述等承载力原则换算外，还应满足最小配筋率和钢筋间距等构造要求，并应注意由于钢筋的强度和直径改变会影响正常使用阶段的挠度和裂缝宽度。

4. 关于钢材的要求

关于钢结构材料性能要求，现行标准《建筑抗震设计规范》（GB 50011—2010）在第3.9.2条第3款给出了强制性要求，同时在第3.9.3条第3款和3.9.5条进一步给出了补充要求。此次《钢结构通用规范》（GB 55006—2021）修订仅在第3.0.1条和第3.0.2条给出了原则性要求。

GB 55006—2021《钢结构通用规范》：

3.0.1　钢结构工程所选用钢材的牌号、技术条件、性能指标均应符合国家现行有关标准的规定。 3.0.2　钢结构承重构件所用的钢材应具有屈服强度，断后伸长率，抗拉强度和硫、磷含量的合格保证，在低温使用环境下尚应具有冲击韧性的合格保证；对焊接结构尚应具有碳或碳当量的合格保证。铸钢件和要求抗层状撕裂（Z向）性能的钢材尚应具有断面收缩率的合格保证。焊接承重结构以及重要的非焊接承重结构所用的钢材，应具有弯曲试验的合格保证；对直接承受动力荷载或需进行疲劳验算的构件，其所用钢材尚应具有冲击韧性的合格保证。

鉴于GB 55006—2021原则性要求，现阶段实际工程的实施与落实时，尚应考虑按GB 50011—2010的相关技术要求把握。

钢结构中所用的钢材，应保证抗拉强度、屈服强度、冲击韧性合格及硫、磷和碳含量的限制值。对高层钢结构，按黑色冶金工业标准《高层建筑结构用钢板》（YB 4104—2000）的规定选用。抗拉强度是实际上决定结构安全储备的关键，伸长率反映钢材能承受残余变形量的程度及塑性变形能力，钢材的屈服强度不宜过高，同时要求有明显的屈服台阶，伸长率应大于20%，以保证构件具有足够的塑性变形能力，冲击韧性是抗震结构的要求。当采用国外钢材时，亦应符合我国国家标准的要求。结构钢材的性能指标，按钢材产品标准《建筑结构用钢》（GB/T 19879—2005）规定的性能指标，将分子、分母对换，改为屈服强度与抗拉强度的比值。

国家产品《碳素结构钢》（GB/T 700）中，Q235钢分为A、B、C、D四个等级，其中A级钢不要求任何冲击试验值，并只在用户要求时才进行冷弯试验，且不保证焊接要求的含碳量，故不建议采用。国家产品标准《低合金高强度结构钢》（GB/T 1591）中，Q345钢分为A、B、C、D、E五个等级，其中A级钢不保证冲击韧性要求和延性性能的基本要求，故亦不建议采用。

【实施与检查】

1. 实施

本条规定是针对设计人员的，要求在结构设计总说明中特别注明的内容，主要是材料的最低强度等级、某些特别的施工顺序和纵向受力钢筋等强替换规定，对于材料自身应具有的性能，只要明确要求符合相关产品标准即可。

2. 检查

检查材料和施工要求，查看设计总说明中的特别内容。

第3章　场地与地基基础抗震

3.1　场地抗震勘察

3.1.1　场地抗震勘察的基本要求

3.1.1　建筑与市政工程的场地抗震勘察应符合下列规定：

1　根据工程场址所处地段的地质环境等情况，对地段抗震性能作出有利、一般、不利或危险的评价。

2　应对工程场地的类别进行评价与划分。

3　对工程场地的地震稳定性能，如液化、震陷、横向扩展、崩塌和滑坡等，进行评价，并给出相应的工程防治措施建议方案。

4　对条状突出的山嘴、高耸孤立的山丘、非岩石和强风化岩石的陡坡、河岸和边坡边缘等不利地段，尚应提供相对高差、坡角、场址距突出地形边缘的距离等参数的勘测结果。

5　对存在隐伏断裂的不利地段，应查明工程场地覆盖层厚度以及距主断裂带的距离。

6　对需要采用场址人工地震波进行时程分析法补充计算的工程，尚应根据设计要求提供土层剖面、场地覆盖层厚度以及其他有关的动力参数。

【编制说明】

本条明确了场地和岩土抗震勘察的基本要求。

地震造成建筑的破坏，除了地震动直接引起的结构破坏外，还有场地的原因，诸如地基不均匀沉降、砂性土液化、滑坡、地表错动和地裂、局部地形地貌的放大作用等。为了减轻场地造成的地震灾害、保证勘察质量能满足抗震设防的需要，对岩土工程抗震勘察的基本内容和成果表现等基本要求做出强制性规定是必需的。本条文改自《建筑抗震设计规范》（GB 50011—2010）第4.1.7条、第4.1.8条（强条）、第4.1.9条（强条）。

抗震设计对工程勘察的强制性要求，是在一般的岩土工程勘察要求基础上补充了抗震设计所必须包含的内容。抗震勘察工作内容和深度应根据场地的实际情况和工程需要决定，主要包括场地地段划分、确定场地类别、液化判别和处理、不利地段的岩土稳定性评价，以及对需要用时程分析方法的工程提供覆盖层范围内各土层的动力参数等。

1. GB 50011—2010 的相关要求

4.1.7 场地内存在发震断裂时，应对断裂的工程影响进行评价，并应符合下列要求：

1 对符合下列规定之一的情况，可忽略发震断裂错动对地面建筑的影响：

1) 抗震设防烈度小于 8 度；

2) 非全新世活动断裂；

3) 抗震设防烈度为 8 度和 9 度时，隐伏断裂的土层覆盖厚度分别大于 60m 和 90m。

2 对不符合本条 1 款规定的情况，应避开主断裂带。其避让距离不宜小于表 4.1.7 对发震断裂最小避让距离的规定。在避让距离的范围内确有需要建造分散的、低于三层的丙、丁类建筑时，应按提高一度采取抗震措施，并提高基础和上部结构的整体性，且不得跨越断层线。

表 4.1.7 发震断裂的最小避让距离（m）

烈度	建筑抗震设防类别			
	甲	乙	丙	丁
8	专门研究	200m	100m	—
9	专门研究	400m	200m	—

4.1.8 当需要在条状突出的山嘴、高耸孤立的山丘、非岩石和强风化岩石的陡坡、河岸和边坡边缘等不利地段建造丙类及丙类以上建筑时，除保证其在地震作用下的稳定性外，尚应估计不利地段对设计地震动参数可能产生的放大作用，其水平地震影响系数最大值应乘以增大系数。其值应根据不利地段的具体情况确定，在 1.1~1.6 范围采用。

4.1.9 场地岩土工程勘察，应根据实际需要划分对建筑有利、一般、不利和危险的地段，提供建筑的场地类别和岩土地震稳定性（含滑坡、崩塌、液化和震陷特性）评价，对需要采用时程分析法补充计算的建筑，尚应根据设计要求提供土层剖面、场地覆盖层厚度和有关的动力参数。

2. 关于局部地形放大效应的说明

国内多次大地震的调查资料表明，局部地形条件是影响建筑物破坏程度的一个重要因素。宁夏海源地震，位于渭河谷地的姚庄，烈度为 7 度；而相距仅 2km 的牛家山庄，因位于高出百米的突出的黄土梁上，烈度竟高达 9 度。1966 年云南东川地震，位于河谷较平坦地带的新村，烈度为 8 度；而邻近一个孤立山包顶部的硅肺病疗养院，从其严重破坏程度来评定，烈度不低于 9 度。海城地震，在大石桥盘龙山高差 58m 的两个测点上收到的强余震加速度记录表明，孤突地形上的地面最大加速度，比坡脚平地上的加速度平均大王 1.84 倍。1970 年通海地震的宏观调查数据表明，位于孤立的狭长山梁顶部的房屋，其震害程度所反映的烈度，比附近平坦地带的房屋约高出一度。2008 年汶川地震中，陕西宁强县高台小学，由于位于近 20m 高的孤立的土台之上，地震时其破坏程度明显大于附近的平坦地带。

因此，当需要在条状突出的山嘴、高耸孤立的山丘、非岩石和强风化岩石的陡坡、河岸和边坡边缘等不利地段建造丙类及丙类以上建筑时，除保证其在地震作用下的稳定性外，尚应考虑局部突出地形对地震动参数的放大作用，这对山区建筑的抗震计算十分必要。

（1）根据历次地震宏观震害经验和地震反应分析结果，局部突出地形地震反应的总体趋势，大致可以归纳为以下几点：

①高突地形距离基准面的高度愈大，高处的反应愈强烈；

②离陡坎和边坡顶部边缘的距离愈大，反应相对减小；

③从岩土构成方面看，在同样地形条件下，土质结构的反应比岩质结构大；

④高突地形顶面愈开阔，远离边缘的中心部位的反应是明显减小的；

⑤边坡愈陡，其顶部的放大效应相应加大。

基于以上变化趋势，以突出地形的高差 H，坡降角度的正切 H/L 以及场址距突出地形边缘的相对距离 L_1/H 为参数，归纳出各种地形的地震力放大作用如下：

$$\lambda = 1 + \xi\alpha$$

式中　λ——局部突出地形顶部的地震影响系数的放大系数；

α——局部突出地形地震动参数的增大幅度，按表 3.1.1－1 采用；

ξ——附加调整系数，与建筑场地离突出台地边缘的距离 L_1 与相对高差 H 的比值有关。当 $L_1/H<2.5$ 时，ξ 可取为 1.0；当 $2.5\leqslant L_1/H<5$ 时，ξ 可取为 0.6；当 $L_1/H\geqslant 5$ 时，ξ 可取为 0.3。L、L_1 均应按距离场地的最近点考虑。

表 3.1.1－1　局部突出地形地震影响系数的增大幅度 α

突出地形的高度 H/m	非岩质地层	$H<5$	$5\leqslant H<15$	$15\leqslant H<25$	$H\geqslant 25$
	岩质地层	$H<20$	$20\leqslant H<40$	$40\leqslant H<60$	$H\geqslant 60$
局部突出台地边缘的侧向平均坡降 H/L	$H/L<0.3$	0	0.1	0.2	0.3
	$0.3\leqslant H/L<0.6$	0.1	0.2	0.3	0.4
	$0.6\leqslant H/L<1.0$	0.2	0.3	0.4	0.5
	$H/L\geqslant 60$	0.3	0.4	0.5	0.6

按上述方法的增大系数应满足规范条文的要求，即局部突出地形顶部的地震影响系数的放大系数 λ 的计算值，小于 1.1 时，取 1.1，大于 1.6 时，取 1.6。

（2）按表 3.1.1－1，局部突出地形地震影响系数的增大幅度 α 存在取值为 0 的情况，但不能据此简单地将此类场地从抗震不利地段中划出，而应根据地形、地貌和地质等各种条件综合判断。

（3）条文中规定的最大增大幅度 0.6 是根据分析结果和综合判断给出的，本条的规定对各种地形，包括山包、山梁、悬崖、陡坡都可以应用。

(4) 条文要求放大的仅是水平向的地震影响系数最大值，竖向地震影响系数最大值不要求放大。

【实施与检查控制】

1. 实施

(1) 勘察内容：应根据实际的土层情况确定，大致应包括地段划分、液化判别，不利地段的地质、地貌、地形条件资料以及滑坡、崩塌、软土震陷等岩土稳定性评价等。

(2) 场地地段的划分：在选择建筑场地的勘察阶段进行，根据地震活动情况和工程地质资料进行综合评价。对软弱土、液化土等不利地段，要按抗震规范的相关规定提出相应的措施。

(3) 场地类别划分：要依据场地覆盖层厚度和土层的等效剪切波速两个因素。对于多层砌体结构，场地类别与抗震设计无直接关系，可略放宽场地类别划分的要求：对深基础和桩基，均不改变其场地类别，必要时可通过考虑地基基础与上部结构共同工作的分析结果，适当减小计算的地震作用。

(4) 提供覆盖层范围内各土层的动力参数，包括不同变形状态下的动变形模量和阻尼比，是为了在采用时程分析法计算时形成场址的人工地震波，设计单位无此要求时可不做。

2. 检查

检查勘察内容，查看勘察报告的项目和评价依据。

3.1.2 场地选择与地段划分

3.1.2 **建筑与市政工程进行场地勘察时，应根据工程需要和地震活动情况、工程地质和地震地质等有关资料按表 3.1.2 对地段进行综合评价。对不利地段，应尽量避开；当无法避开时应采取有效的抗震措施。对危险地段，严禁建造甲、乙、丙类建筑。**

表 3.1.2 有利、一般、不利和危险地段的划分

地段类别	地质、地形、地貌
有利地段	稳定基岩，坚硬土、开阔、平坦、密实、均匀的中硬土等
一般地段	不属于有利、不利和危险的地段
不利地段	软弱土，液化土，条状突出的山嘴，高耸孤立的山丘，陡坡，陡坎，河岸和边坡的边缘，平面分布上成因、岩性、状态明显不均匀的土层（含故河道、疏松的断层破碎带、暗埋的塘浜沟谷和半填半挖地基），高含水量的可塑黄土，地表存在结构性裂缝等
危险地段	地震时可能发生滑坡、崩塌、地陷、地裂、泥石流等及发震断裂带上可能发生地表位错的部位

【编制说明】

本条明确了工程场址选择的基本原则和地段划分标准。

地震造成建筑的破坏，情况多种多样，大致可以分为三类，其一是地震动直接引起的结构破坏，其二是海啸、火灾、爆炸等次生灾害所致，其三是断层错动、山崖崩塌、河岸滑坡、地层陷落等严重地面变形导致。因此，选择有利于抗震的工程场址是减轻地震灾害的第一道工序。作为建筑与市政工程抗震防灾的国家标准，对场址选择的基本原则提出强制性要求是非常必要的。

本条文改自《建筑抗震设计规范》（GB 50011—2010）第 3.3.1 条（强条）和第 4.1.1 条。

1. GB 50011—2010 的相关规定

3.3.1　选择建筑场地时，应根据工程需要和地震活动情况、工程地质和地震地质的有关资料，对抗震有利、不利和危险地段做出综合评价。对不利地段，应提出避开要求；当无法避开时应采取有效的措施。对危险地段，严禁建造甲、乙类的建筑，不应建造丙类的建筑。

4.1.1　选择建筑场地时，应按表 4.1.1 划分对建筑抗震有利、一般、不利和危险的地段。

表 4.1.1　有利、一般、不利和危险地段的划分

地段类别	地质、地形、地貌
有利地段	稳定基岩，坚硬土、开阔、平坦、密实、均匀的中硬土等
一般地段	不属于有利、不利和危险的地段
不利地段	软弱土，液化土，条状突出的山嘴，高耸孤立的山丘，陡坡，陡坎，河岸和边坡的边缘，平面分布上成因、岩性、状态明显不均匀的土层（含故河道、疏松的断层破碎带、暗埋的塘浜沟谷和半填半挖地基），高含水量的可塑黄土，地表存在结构性裂缝等
危险地段	地震时可能发生滑坡、崩塌、地陷、地裂、泥石流等及发震断裂带上可能发生地表位错的部位

2. 技术要点说明

地震造成建筑的破坏，除地震动直接引起的结构破坏外，还有场地的原因，诸如：诸如：地震引起的地表错动与地裂，地基土的不均匀沉陷、滑坡和粉、砂土液化，局部地形地貌的放大作用等。为了减轻场地造成的地震灾害、保证勘察质量能满足抗震设计的需要，提出了场地选择的强制性要求。

在抗震设计中，场地指具有相似的反应谱特征的房屋群体所在地，不仅仅是房屋基础下

的地基土，其范围相当于厂区、居民点和自然村，在平坦地区面积一般不小于 1km×1km。

选择有利于抗震的建筑场地，是减轻场地引起的地震灾害的第一道工序，《建筑抗震设计规范》(GB 50011—2010) 第 3.3.1 条规定选择建筑场地时，应对建筑场地的有利、不利和危险地段做出综合评价，选择有利地段，避开不利地段；当无法避开不利地段时应采取适当的抗震措施；对危险地段严禁建造甲、乙类建筑，不应建造丙类建筑。

《建筑抗震设计规范》(GB 50011—2010) 第 4.1.1 条给出了建筑场地划分有利、一般、不利和危险地段的依据。即，有利地段为稳定基岩，坚硬土，开阔、平坦、密实、均匀的中硬土等；不利地段为软弱土，液化土、条状突出的山嘴、高耸孤立的山丘，非岩质和强风化岩石的陡坡，陡坎，河岸和边坡的边缘，平面分布上成因、岩性、状态明显不均匀的土层（含故河道、疏松的断层破碎带、暗埋的塘浜沟谷和半填半挖地基），高含水量的可塑黄土，地表存在结构性裂缝等；危险地段为地震时可能发生滑坡、崩塌、地陷、地裂、泥石流等及发震断裂带上可能发生地表位错的部位；一般地段为不属于有利、不利和危险的地段。

此次编制《通用规范》时，将 GB 50011—2010 的上述要求进行了整合，是为了方便使用。地段划分的依据并无完全的量化标准，需要综合评价。

【实施与检查控制】

1. 实施

场地地段的划分，是在选择建筑场地的勘察阶段进行的，要根据地震活动情况和工程地质资料进行综合评价。对软弱土、液化土等不利地段，要按抗震规范的相关规定提出相应的措施。

2. 检查

检查地段划分，查看《岩土勘察报告》中的场地地段划分是否合适、不利地段勘察工作的深度和评价结论等。

3.1.3 场地类别划分

3.1.3 工程场地应根据岩石的剪切波速或土层等效剪切波速和场地覆盖层厚度按表 3.1.3 进行分类。

表 3.1.3 各类场地的覆盖层厚度 (m)

岩石的剪切波速 V_s 或土的等效剪切波速 V_{se} (m/s)	场地类别				
	I_0	I_1	Ⅱ	Ⅲ	Ⅳ
$V_s>800$	0				
$800\geqslant V_s>500$		0			
$500\geqslant V_{se}>250$		<5	≥5		
$250\geqslant V_{se}>150$		<3	3~50	>50	
$V_{se}\leqslant 150$		<3	3~15	15~80	>80

【编制说明】

本条明确了场地类别的划分标准。

场地类别是工程抗震设计的重要参数，直接决定了工程结构地震作用取值是否合适，因此，对场地类别的划分标准作出强制性要求是必要的。本条文改自《建筑抗震设计规范》（GB 50011—2010）第4.1.6条（强条）、《室外给水排水和燃气热力工程抗震设计规范》（GB 50032—2003）第4.1.1条（强条）。

《建筑抗震设计规范》（GB 50011—2010）第4.1.6条依据覆盖土层厚度和代表土层软硬程度的土层等效剪切波速，将建筑的场地类别划分为四类。波速很大或覆盖层很薄的场地划为Ⅰ类，波速很低且覆盖层很厚的场地划为Ⅳ类；处于二者之间的相应划分为Ⅱ类和Ⅲ类。

关于剪切波速，GB 50011—2010第4.1.3条给出对剪切波速测试孔的最少数量要求：对初步勘察阶段，大面积的同一地质单元不少于3个；详勘阶段，对密集的高层建筑额大跨空间结构，每幢建筑不少于1个；GB 50011—2010第4.1.5条给出土层等效剪切波速确定方法：取20m深度和场地覆盖层厚度较小值范围内各土层中剪切波速以传播时间为权的平均值。

关于覆盖层厚度，GB 50011—2010第4.1.4条给出场地覆盖层厚度定义和确定方法：从地面至剪切波速大于500m/s的基岩或坚硬土层或假想基岩的距离，扣除剪切波速大于500m/s的火山岩硬夹层。

【实施与检查】

1. 实施

（1）场地类别划分，不要误为“场地土类别”划分，要依据场地覆盖层厚度和场地土层软硬程度（以等效剪切波速表征）这两个因素。考虑到场地是一个较大范围的区域，对于多层砌体结构，场地类别与抗震设计无直接关系，可略放宽场地类别划分的要求：在一个小区，应有满足最少数量且深度达到20m的钻孔；对深基础和桩基，均不改变其场地类别，必要时可通过考虑地基基础与上部结构共同工作的分析结果，适当减小计算的地震作用。

（2）计算等效剪切波速时，土层的分界处应有波速测试值，波速测试孔的土层剖面应能代表整个场地；覆盖层厚度和等效剪切波速都不是严格的数值，有±15%的误差属正常范围，当上述两个因素距相邻两类场地的分界处属于上述误差范围时，允许勘察报告说明该场地界于两类场地之间，以便设计人员通过插入法确定设计特征周期。

（3）确定“假想基岩”的条件是下列二者之一：其一，该土层以下的剪切波速均大于500m/s；其二，相邻土层剪切波速比大于2.5，且同时满足该土层及其下卧土层的剪切波速均不小于400m/s和埋深大于5m的条件。因此，剪切波速大于500m/s的透镜体或孤石应属于覆盖层的范围；而剪切波速大于500m/s的火山岩硬夹层应从覆盖层厚度中扣除。

2. 检查

检查场地划分，查看勘察报告的场地类别评定依据。

3.2　地基与基础抗震

3.2.1　天然地基抗震验算

3.2.1　**天然地基的抗震验算，应采用地震作用效应的标准组合和地基抗震承载力进行。地基抗震承载力应取地基承载力特征值与地基抗震承载力调整系数的乘积。地基抗震承载力调整系数应根据地基土的性状取值，但不得超过**1.5。

【编制说明】

本条明确天然地基抗震验算的原则要求。

地基抗震验算是抗震设计的重要内容，效应组合和抗力如何取值是验算正确与否的关键，因此，对天然地基抗震验算的效应和抗力取值作出强制性要求是必要的。本条文改自《建筑抗震设计规范》(GB 50011—2010) 第4.2.2条 (强条)、第4.2.3条，《室外给水排水和燃气热力工程抗震设计规范》(GB 50032—2003) 第4.2.2条 (强条)、第4.2.3条。

地基抗震验算时，包括天然地基和桩基，其地震作用效应组合应采用标准组合，即，重力荷载代表值和地震作用效应的分项系数均取1.0。

地基土在有限次循环动力作用下的动强度，一般比静强度略高，同时地震作用下的结构可靠度容许比静载下有所降低，因此，在地基抗震验算时，除了采用作用效应的标准组合外，对其承载力也应有所调整。

调整系数上限1.5的数值，系根据GB 50011—2010第4.2.3条调整系数最大值而作出的底线规定。

【实施与检查】

1. 实施

(1) 抗震承载力是在静力设计的承载力特征值基础上进行调整，而静力设计的承载力特征值应按地基基础相关技术标准进行深度和宽度修正，因此，不可先做抗震调整后再进行深度和宽度修正。

(2) 地基基础的抗震验算一般采用所谓“拟静力法”，即将施加于基础上的地震作用当作静力，然后验算这种条件下的承载力和稳定性。天然地基抗震验算公式与静载验算相同，平均压力和最大压力的计算均应取标准组合。

(3) 基础构件的验算，包括天然地基的基础高度、桩基承台、桩身等，仍采用地震作用效应基本组合进行构件的抗震截面验算，基础构件的承载力抗震调整系数 γ_{RE} 应根据受力状态的不同确定。

(4) 地基基础的有关设计参数应与勘察成果相符；基础选型应与岩土工程勘察成果协调。

2. 检查

检查地基验算，查看计算书中的分项系数和承载力特征值。

3.2.2　液化判别与处理

3.2.2　对抗震设防烈度不低于7度的建筑与市政工程，当地面下20m范围内存在饱和砂土和饱和粉土时，应进行液化判别；存在液化土层的地基，应根据工程的抗震设防类别、地基的液化等级，结合具体情况采取相应的抗液化措施。

【编制说明】

本条明确了液化判别要求和处理原则。

地震时由于砂性土（包括饱和砂土和饱和粉土）液化而导致建筑或工程破坏的事例很多，因此，应对砂土液化问题充分重视。作为强制性要求，本条较全面地规定了减少地基液化危害的对策：首先，液化判别的范围是除6度设防外存在饱和砂土和饱和粉土的土层；其次，一旦属于液化土，应确定地基的液化等级；最后，根据液化等级和建筑抗震设防类别，选择合适的处理措施，包括地基处理和对上部结构采取加强整体性的相应措施等。本条文改自《建筑抗震设计规范》（GB 50011—2010）第4.3.2条（强条）、《室外给水排水和燃气热力工程抗震设计规范》（GB 50032—2003）第4.3.1条。

目前为止，国内工程界普遍采用的液化判别方法仍然是《建筑抗震设计规范》（GB 50011—2010）推荐的标准贯入法。采用该方法进行液化判别分为两步：初步判别和标准贯入判别，若初步判别为可不考虑液化影响，则不必进行标准贯入判别。初步判别依据地质年代、上覆非液化土层厚度和地下水位，在GB 50011—2010的第4.3.3条给出了相关规定；标准贯入判别要依据未经杆长修正的标准贯入锤击数，在GB 50011—2010的第4.3.4条给出了相关规定。

关于液化等级的确定，应依据各液化土层的深度、厚度及标准贯入锤击数，在GB 50011—2010第4.3.5条给出了先计算液化指数再确定液化等级的方法。

GB 50011—2010第4.3.6条给出平坦场地的抗液化措施分类，共有全部消除液化沉陷、部分消除液化沉陷、地基和上部结构处理三种方法，有时也可不采取措施。三种抗液化措施的具体要求，分别在GB 50011—2010第4.3.7条、第4.3.8条和第4.3.9条给出。

液化面倾斜的地基，处于故河道、现代河滨或海滨时，GB 50011—2010第4.3.10条给出了抗液化措施。

【实施与检查】

1. 实施

（1）凡初判法认定为不液化或不考虑液化影响，不能再用标准贯入法判别，否则可能出现混乱。用于液化判别的黏粒含量，因沿用20世纪70年代的试验数据，需要采用六偏磷酸钠作分散剂测定，采用其他方法时应按规定换算。

（2）液化判别的标准贯入数据，每个土层至少应有6个数据。深基础和桩基的液化判别深度应为20m。

（3）计算地基液化指数时，需对每个钻孔逐一计算，然后对整个地基综合评价。

（4）采取抗液化工程措施的基本原则是根据液化的可能危害程度区别对待，尽量减少工程量。对基础和上部结构的综合治理，可同时采用多项措施。对较平坦均匀场地的土层，液化的危害主要是不均匀沉陷和开裂；对倾斜场地，土层液化的后果往往是大面积土体滑动导致建筑破坏，二者危害的性质不同，抗液化措施也不同。规范仅对故河道等倾斜场地的液化侧向扩展和液化流滑提出处理措施。

（5）液化判别、液化等级不按抗震设防类别区分，但同样的液化等级，不同设防类别的建筑有不同的抗液化措施。因此，乙类建筑仍按本地区设防烈度的要求进行液化判别并确定液化等级，再相应采取抗液化措施。

（6）震害资料表明，6 度时液化对房屋建筑的震害比较轻微。因此，6 度设防的一般建筑不考虑液化影响，仅对不均匀沉陷敏感的乙类建筑需要考虑液化影响，对甲类建筑则需要专门研究。

2. 检查

检查液化判别，查看勘察报告的液化判别依据、液化指数和处理措施。

3.2.3 液化桩基的构造要求

> 3.2.3 **液化土和震陷软土中桩的配筋范围，应取桩顶至液化土层或震陷软土层底面埋深以下不小于 1.0m 深度的范围，且其纵向钢筋应与桩顶截面相同，箍筋应进行加强。**

【编制说明】

本条明确了液化与震陷桩基的构造要求。

桩基理论分析已经证明，地震作用下的桩基在软、硬土层交界面处最易受到剪、弯损害。1995 年日本神户地震后，对于液化场地下破坏桩基的震害调查发现，大量的桩在液化、非液化层交界处发生严重破坏（图 3.2.3-1）。但在采用 m 法的桩身内力计算方法中却无法反映，目前除考虑桩土相互作用的地震反应分析可以较好地反映桩身受力情况外，还没有简

图 3.2.3-1　1995 年，日本神户地震后，桩基破坏情况调查

便实用的计算方法保证桩在地震作用下的安全，因此必须采取有效的构造措施。本条的要点在于保证软土或液化土层附近桩身的抗弯和抗剪能力，是保证液化土和震陷软土中桩基安全的关键。本条文改自《建筑抗震设计规范》（GB 50011—2010）第4.4.5条（强条）、《室外给水排水和燃气热力工程抗震设计规范》（GB 50032—2003）第4.4.6条。

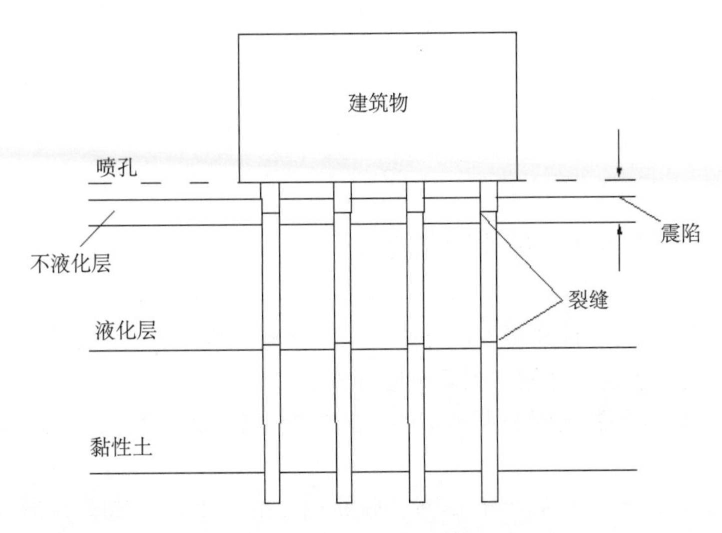

图3.2.3-2　液化桩基破坏示意图

【实施与检查】

1. 实施

液化土中桩基超过液化深度的配筋范围，按全部消除液化沉陷时对桩端伸入稳定土层的最小长度采用。

全部消除液化沉陷影响的规定，详见GB 50011—2010第4.3.7条要求。

2. 检查

检查桩基配筋，查看液化土中桩的配筋范围和配筋量。

第 4 章　地震作用和结构抗震验算

4.1　一般规定

4.1.1　设计地震动参数的调整与控制

> 4.1.1　**各类建筑与市政工程地震作用计算时，设计地震动参数应根据设防烈度按本规范第 2.2 节的相关规定确定，并按下列规定进行调整：**
>
> 1　**当工程结构处于发震断裂两侧 10km 以内时，应计入近场效应对设计地震动参数的影响。**
>
> 2　**当工程结构处于条状突出的山嘴、高耸孤立的山丘、非岩石和强风化岩石的陡坡、河岸与边坡边缘等不利地段时，应考虑不利地段对水平设计地震参数的放大作用。放大系数应根据不利地段的具体情况确定，其数值不得小于 1.1，不大于 1.6。**

【编制说明】

本条明确了设计地震动参数的调整要求和控制底线。

通常，一般的建设工程设计地震动参数直接根据《中国地震动参数区划图》（GB 18306）确定即可。但区划图规定的地震动峰值加速度、特征周期等参数是基于开阔、平坦的一般场地（通常为Ⅱ类场地）给出的，没有进一步考虑离断层很近区域的局部放大效应(即近场效应)，也没有考虑高耸孤立的山丘等局部突出地形的不利影响，实际工程场地条件与区划图标准场地（Ⅱ类）的差别也需要各类工程建设标准进一步处理等等。

鉴于上述情况，为了确保工程地震安全，需要根据建设工程的具体情况，考虑上述因素的影响对区划图参数进行调整，方可用于工程设计。由于场地的影响在本规范第 4.2.2 条明确规定，本条仅对近场效应、局部突出地形影响的调整原则和最低调整要求进行了规定。

本条条文改自《建筑抗震设计规范》（GB 50011—2010）第 3.10.3 条、第 4.1.8 条(强条)、第 4.1.6 条（强条)、第 12.2.2 条。

1. 关于近场效应

《建筑抗震设计规范》（GB 50011—2010）第 3.10.3 条第 1 款规定，对处于发震断裂两侧 10km 以内的结构，地震动参数应计入近场影响，5km 以内宜乘以增大系数 1.5，5km 以外宜乘以不小于 1.25 的增大系数。第 12.2.2 条第 2 款规定，当处于发震断层 10km 以内时，输入地震波应考虑近场影响系数，5km 以内宜取 1.5，5km 以外可取不小于 1.25。

上述规定表明，现行 GB 50011—2010 的本意是，条件许可的情况下，应尽可能考虑地震破裂带附近的地面运动强度的放大效应。鉴于技术规定的延续性、工程技术经济的现实可行性等因素，GB 50011—2010 仅在性能化设计和隔震设计部分明确要求“应”考虑近场效应；其他情况未作明文规定，但根据国家标准的底线要求属性，在条件许可时，也应适当考虑近场效应。

现行 GB 50011—2010 中有关近场效应的规定，除了依据已有的研究成果外，还参考借鉴了美国早期规范 UBC 97 的相关规定。美国的 UBC 97 以及 ATC40 等标准规定，各场地的地震动参数应根据震源类型和距断层的距离考虑近场系数进行调整（表 4.1.1－1 至表 4.1.1－3）。

表 4.1.1－1　UBC97 中的近场系数（near-source factor）N_a

震源类型	距已知震源的最短距离		
	≤2km	5km	≥10km
A	1.5	1.2	1.0
B	1.3	1.0	1.0
C	1.0	1.0	1.0

表 4.1.1－2　UBC97 中的近场系数（near-source factor）N_v

震源类型	距已知震源的最短距离			
	≤2km	5km	10km	≥15km
A	2.0	1.6	1.2	1.0
B	1.6	1.2	1.0	1.0
C	1.0	1.0	1.0	1.0

注：①表内其他距离的近场系数值可按线性插值确定。
②用于设计的震源位置和类型，应根据批准的岩土数据（如，美国地质调查局或加州矿山和地质分部发布的最新活动断裂分布图）确定。
③距震源最短距离，应取为场地与震源在地表垂直投影（即断层面在地表投影）区域之间的最小距离。这里表面投影不包括震源中深度达到或超过 10km 的部分。应采用所有相关震源的近场系数最大值进行设计。

表 4.1.1－3　UBC97 中的震源类型

震源类型	震源描述	震源界定	
		最大矩震级 M_W	走滑速率 SR（mm/年）
A	可能发生大地震且地震活动性的走滑速率很高的断裂	$M \geq 7.0$	$SR \geq 5$
B	A 型、C 型以外的其他各类断裂	$M \geq 7.0$ $M > 7.0$ $M \geq 6.5$	$SR < 5$ $SR > 2$ $SR < 2$
C	不可能发生大地震且地震活动性的走滑速率相对较低的断裂	$M < 6.5$	$SR \leq 2$

注：①逆冲断层应根据具体工程场地专门研究。
②判断震源类型时，必须同时满足最大矩震级和滑移速率条件。

在 2000 年以后的美国历次版本 NEHRP 条款中，关于近场效应基本上保持了 UBC97 的规定，同时，基于 1999 年台湾集集地震等近期一些强烈地震中，近场强地面运动表现出来的速度脉冲效应、方向效应等特征，在 2009 NEHRP Provisions 中明确提出，在近场区除了要考虑加速度等设计参数的幅值调整外，还应考虑其独特的脉冲效应和方向效应。这一规定已被 ASCE 7-16 等规范采纳。

在 ASCE7-16 中规定，当建筑场地符合以下条件之一时，应为近断层场地：①距已知的、可能会发生 M_W7 以及上地震的活动断层在地表投影 9.5 英里（15km）以内；②距已知的、可能会发生 M_W6 以及上地震的活动断层在地表投影 6.25 英里（10km）以内。需要说明的是，上述条件中，沿断裂方向的走滑速率小于 0.04in（1mm）/年的断层不考虑，同时，断裂的地表投影也不包括深度 6.25 英里（10 km）或以上的部分。

关于近断层场地的要求，ASCE7-16 在条文说明中给出了进一步解释。大地震断裂破碎带附近区域的场地，除了加速度异常巨大外，其地面运动还表现出脉冲特征以及独特的方向性特征等远场记录通常不具备的特征。在以往的一些地震中，这些特征展现了特别的破坏性。因此，ASCE7-16 对坐落于这类场地上的结构制定了非常严格的设计标准，同时，要求非线性时程分析和隔震与消能减震结构设计时地面记录的选择与调整，应直接考虑这些独特的特征。由于近断层距离，取决于很多因素，包括破裂类型、断层深度、震级和断层破裂的方向等。因此，一般很难给出近断层场地的确切界定。ASCE7-16 采用的两个近断层分类条件，均是基于场地距活动断裂（有可能发生设定震级及以上的地震）的距离和不可忽略的年均走滑速率。这一界定标准，最早出现在 1997 UBC（ICB 1997）中。同时，ASCE7-16 还给出了断层面与地表呈现倾斜夹角时如何确定场地距断层距离的方法（图 4.1.1-1）。

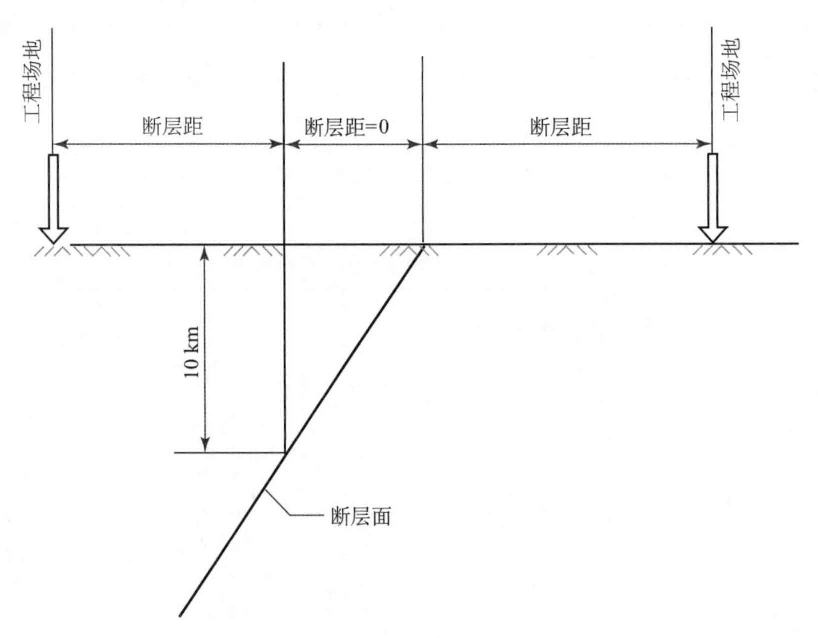

图 4.1.1-1　ASCE7-16 的断层距离确定方法

参考美国规范关于近断层效应相关规定的变化情况，同时，考虑到《建筑隔震设计标准》（GB/T 51408—2021）关于近场效应的规定与 GB 50011—2010 存在一定差别，此次《通用规范》编制时，仅提出“应计入近场效应对设计地震动参数的影响”的原则性要求，至于进一步的调整的对象与技术对策，则由相关的标准进一步细化、深化。

至于发震断裂的界定则参考了《岩土工程勘察规范》（GB 50021—2001）的第 5.8.2 条第 1 款的规定，“全新活动断裂为在全新地质时期（1 万年）内有过地震活动或近期正在活动，在今后 100 年可能继续活动的断裂；全新活动断裂中，近期（近 500 年来）发生过地震震级 $M\geqslant5$ 级的断裂，或在今后 100 年内，可能发生 $M\geqslant5$ 级的断裂，可定为发震断裂”。

在本规范中，发震断裂，指的是全新世活动断裂中、近 500 年来发生过 $M\geqslant5$ 级地震的断裂或今后 100 年内可能发生 $M\geqslant5$ 级地震的断裂。

2. 关于局部地形影响

国内多次大地震的调查资料表明，局部地形条件是影响建筑物破坏程度的一个重要因素。宁夏海源地震，位于渭河谷地的姚庄，烈度为 7 度；而相距仅 2km 的牛家山庄，因位于高出百米的突出的黄土梁上，烈度竟高达 9 度。1966 年云南东川地震，位于河谷较平坦地带的新村，烈度为 8 度；而邻近一个孤立山包顶部的硅肺病疗养院，从其严重破坏程度来评定，烈度不低于 9 度。海城地震，在大石桥盘龙山高差 58m 的两个测点上收到的强余震加速度记录表明，孤突地形上的地面最大加速度，比坡脚平地上的加速度平均大于 1.84 倍。1970 年通海地震的宏观调查数据表明，位于孤立的狭长山梁顶部的房屋，其震害程度所反映的烈度，比附近平坦地带的房屋约高出一度。2008 年汶川地震中，陕西省宁强县高台小学，由于位于近 20m 高的孤立的土台之上，地震时其破坏程度明显大于附近的平坦地带。

因此，当需要在条状突出的山嘴、高耸孤立的山丘、非岩石和强风化岩石的陡坡、河岸和边坡边缘等不利地段建造丙类及丙类以上建筑时，除保证其在地震作用下的稳定性外，尚应考虑局部突出地形对地震动参数的放大作用，这对山区建筑的抗震计算十分必要。

【实施与检查】

1. 实施

（1）根据历次地震宏观震害经验和地震反应分析结果，局部突出地形地震反应的总体趋势，大致可以归纳为以下几点：

①高突地形距离基准面的高度愈大，高处的反应愈强烈；

②离陡坎和边坡顶部边缘的距离愈大，反应相对减小；

③从岩土构成方面看，在同样地形条件下，土质结构的反应比岩质结构大；

④高突地形顶面愈开阔，远离边缘的中心部位的反应是明显减小的；

⑤边坡愈陡，其顶部的放大效应相应加大。

（2）基于以上变化趋势，以突出地形的高差 H，坡降角度的正切 H/L 以及场址距突出地形边缘的相对距离 L_1/H 为参数，归纳出各种地形的地震力放大作用如下：

$$\lambda = 1 + \xi\alpha$$

式中 λ——局部突出地形顶部的地震影响系数的放大系数；

α——局部突出地形地震动参数的增大幅度，按表4.1.1-4采用。

ξ——附加调整系数，与建筑场地离突出台地边缘的距离 L_1 与相对高差 H 的比值有关。当 $L_1/H<2.5$ 时，ξ 可取为1.0；当 $2.5\leqslant L_1/H<5$ 时，ξ 可取为0.6；当 $L_1/H\geqslant5$ 时，ξ 可取为0.3。L、L_1 均应按距离场地的最近点考虑。

表4.1.1-4 局部突出地形地震影响系数的增大幅度 α

突出地形的高度 H/m	非岩质地层	$H<5$	$5\leqslant H<15$	$15\leqslant H<25$	$H\geqslant25$
	岩质地层	$H<20$	$20\leqslant H<40$	$40\leqslant H<60$	$H\geqslant60$
局部突出台地边缘的侧向平均坡降 H/L	$H/L<0.3$	0	0.1	0.2	0.3
	$0.3\leqslant H/L<0.6$	0.1	0.2	0.3	0.4
	$0.6\leqslant H/L<1.0$	0.2	0.3	0.4	0.5
	$H/L\geqslant60$	0.3	0.4	0.5	0.6

按上述方法的增大系数应满足规范条文的要求，即局部突出地形顶部的地震影响系数的放大系数 λ 的计算值，小于1.1时，取1.1；大于1.6时，取1.6。

(3) 按表4.1.1-4，局部突出地形地震影响系数的增大幅度 α 存在取值为0的情况，但不能据此简单地将此类场地从抗震不利地段中划出，而应根据地形、地貌和地质等各种条件综合判断。

(4) 条文中规定的最大增大幅度0.6是根据分析结果和综合判断给出的，本条的规定对各种地形，包括山包、山梁、悬崖、陡坡都可以应用。

(5) 条文要求放大的仅是水平向的地震影响系数最大值，竖向地震影响系数最大值不要求放大。

2. 检查

检查岩土工程勘察报告，复核建筑场地的高度、坡降角度和至台地边缘的距离，确定增大系数的合适取值。

4.1.2 地震作用计算的原则与要求

4.1.2 **各类建筑与市政工程的地震作用，应采用符合结构实际工作状况的分析模型进行计算，并应符合下列规定：**

1 **一般情况下，应至少沿结构两个主轴方向分别计算水平地震作用；当结构中存在与主轴交角大于15°的斜交抗侧力构件时，尚应计算斜交构件方向的水平地震作用。**

2 **计算各抗侧力构件的水平地震作用效应时，应计入扭转效应的影响。**

3 **抗震设防烈度不低于8度的大跨度、长悬臂结构和抗震设防烈度9度的高层建筑物、盛水构筑物、贮气罐、储气柜等，应计算竖向地震作用。**

4 **对平面投影尺度很大的空间结构和长线型结构，地震作用计算时应考虑地震地面运动的空间和时间变化。**

5 **对地下建筑和埋地管道，应考虑地震地面运动的位移向量影响进行地震作用效应计算。**

【编制说明】

本条明确了地震作用计算的基本原则和要求。

静力设计中，各类结构的荷载取值是一个十分重要的关键设计参数；同样，在抗震设计中，正确的地震作用取值也是十分重要的。本条规定了地震作用计算时结构计算模型、水平地震作用方向、扭转效应、竖向地震作用、地震地面运动的空间特性、地面位移的基本要求。本条文改自《建筑抗震设计规范》(GB 50011—2010) 第3.6.6条、第5.1.1条（强条)、《室外给水排水和燃气热力工程抗震设计规范》(GB 50032—2003) 第5.1.1条（强条)。

《建筑抗震设计规范》(GB 50011—2010) 第3.6.6条对采用电算手段进行结构抗震分析做出了明确的规定，其中，在第1款中明确要求，“计算模型的建立、必要的简化计算与处理，应符合结构的实际工作状况”。GB 50011—2010在第5.1.1条对建筑结构地震作用计算的基本原则做出了强制性规定，主要包括地震作用的计算方向和分配原则、扭转效应、以及竖向地震作用的计算范围等，同时，GB 50011—2010在第5.1.2条第5款还给出了平面投影尺度很大的空间结构应考虑多维多点输入的方式计入地震动的空间效应。对于地下工程结构，GB 50011—2010在第14章给出了反应位移法的原则要求。

GB 50032—2003第5.1.1条给出了室外给水排水和燃气热力工程抗震计算的基本原则和要求，结合市政工程的具体特点，对水塔、污泥消化池等盛水构筑物、球形贮气罐、水槽式螺旋轨贮气罐、卧式圆筒形贮气罐等设施设备的竖向地震作用计算提出了明确要求。同时，第10.1.2条对埋地管道的变形和变位验算提出了强制性要求。

综合考虑现行规范的上述要求，结合此次《通用规范》编制时确定的适用范围和基本原则，对现行的相关技术条文进行了整合与调整，形成了本规范第4.1.2条。

需要注意的是，按GB 50011—2010第5.1.2条的条文说明，平面投影尺度很大的空间结构指，跨度大于120m、或长度大于300m、或悬臂大于40m的结构。本规范继续沿用这一界定。

附：现行标准的相关条文

(1) GB 50011—2010的相关规定：

3.6.6　利用计算机进行结构抗震分析，应符合下列要求：

1　计算模型的建立、必要的简化计算与处理，应符合结构的实际工作状况，计算中应考虑楼梯构件的影响。

2　计算软件的技术条件应符合本规范及有关标准的规定，并应阐明其特殊处理的内容和依据。

3　复杂结构在多遇地震作用下的内力和变形分析时，应采用不少于两个合适的不同力学模型，并对其计算结果进行分析比较。

4　所有计算机计算结果，应经分析判断确认其合理、有效后方可用于工程设计。

5.1.1　各类建筑结构的地震作用，应符合下列规定：

1　一般情况下，应至少在建筑结构的两个主轴方向分别计算水平地震作用，各方向的水平地震作用应由该方向抗侧力构件承担。

2 有斜交抗侧力构件的结构，当相交角度大于15°时，应分别计算各抗侧力构件方向的水平地震作用。

3 质量和刚度分布明显不对称的结构，应计入双向水平地震作用下的扭转影响；其他情况，应允许采用调整地震作用效应的方法计入扭转影响。

4 8、9度时的大跨度和长悬臂结构及9度时的高层建筑，应计算竖向地震作用。

注：8、9度时采用隔震设计的建筑结构，应按有关规定计算竖向地震作用。

（2）GB 50032—2003 的相关规定：

5.1.1 各类厂站构筑物的地震作用，应按下列规定确定：

1 一般情况下，应对构筑物结构的两个主轴方向分别计算水平向地震作用。并进行结构抗震验算；各方向的水平地震作用，应由该方向的抗侧力构件全部承担。

2 设有斜交抗侧力构件的结构，应分别考虑各抗侧力构件方向的水平地震作用。

3 设防烈度为9度时，水塔、污泥消化池等盛水构筑物、球形贮气罐、水槽式螺旋轨贮气罐、卧式圆筒形贮气罐应计算竖向地震作用。

6.1.5 位于设防烈度为9度地区的盛水构筑物，应计算竖向地震作用效应，并应与水平地震作用效应按平方和开方组合。

9.1.5 水塔的抗震验算应符合下列规定：

1 应考虑水塔上满载和空载两种工况。

2 支承结构为构架时，应分别按正向和对角线方向进行验算。

3 9度地区的水塔应考虑竖向地震作用。

10.1.2 埋地管道应计算在水平地震作用下，剪切波所引起管道的变位或应变。

【实施与检查】

1. 实施

由于地震发生地点是随机的，对某结构而言地震作用的方向是随意的，而且结构的抗侧力构件也不一定是正交的，这些，在计算地震作用时都应注意。另外，结构的刚度中心与质量中心不会完全重合，这必然导致结构产生不同程度的扭转。最后还应提到，震中区的竖向地震作用对某些结构的影响不容忽视，实际工程操作时应注意把握好以下几个问题：

1）水平地震作用的计算方向

一般情况下，应沿结构两个主轴方向分别考虑水平地震作用计算。考虑到地震可能来自任意方向，当有斜交抗侧力构件时，应考虑对各构件的最不利方向的水平地震作用，即与该构件平行方向的水平地震作用。需要注意的是：

斜向地震作用计算时，结构底部总剪力以及楼层剪力等数值一般要小于正交方向计算的结果，但对于斜向抗侧力构件来说，其截面设计的控制性内力和配筋结果却往往取决于斜向地震作用的计算结果，因此，当结构存在斜交构件时，不能忽视斜向地震作用计算。

注意斜交构件与斜交结构的差别。“有斜交抗侧力构件的结构”指结构中任一抗侧力构件与结构主轴方向斜交时，均应按规范要求计算各抗侧力构件方向的水平地震作用，而不是仅指斜交结构。

2）竖向地震作用的计算范围

竖向地震作用的计算时，应注意大跨度和长悬臂结构的界定（表4.1.2－1）。

表4.1.2－1　大跨度和长悬臂结构

设防烈度	大跨度	长悬臂
8	≥24m	≥2.0m
9	≥18m	≥1.5m

2. 检查

检查地震作用方向，查看计算的模型和项目。

4.1.3　重力荷载代表值的取值

4.1.3　**计算地震作用时，建筑与市政工程结构的重力荷载代表值应取结构、构配件自重标准值和各可变荷载组合值之和。各可变荷载的组合值系数，应按表4.1.3采用。**

表4.1.3　组合值系数

<table>
<tr><th colspan="2">可变荷载种类</th><th>组合值系数</th></tr>
<tr><td colspan="2">雪荷载</td><td>0.5</td></tr>
<tr><td colspan="2">屋面积灰荷载</td><td>0.5</td></tr>
<tr><td colspan="2">屋面活荷载</td><td>不计入</td></tr>
<tr><td colspan="2">按实际情况计算的楼面活荷载</td><td>1.0</td></tr>
<tr><td rowspan="2">按等效均布荷载计算的楼面活荷载</td><td>藏书库、档案库</td><td>0.8</td></tr>
<tr><td>其他民用建筑、城镇给水排水和燃气热力工程</td><td>0.5</td></tr>
<tr><td rowspan="2">起重机悬吊物重力</td><td>硬钩吊车</td><td>0.3</td></tr>
<tr><td>软钩吊车</td><td>不计入</td></tr>
</table>

【编制说明】

本条明确了重力荷载代表值的取值要求。

建筑结构抗震计算时，重力荷载代表值的取值十分重要，按国家标准《建筑结构可靠度设计统一标准》的原则规定，地震发生时恒荷载与其他重力荷载可能的遇合结果总称为

“抗震设计的重力荷载代表值 G_E”，即永久荷载标准值与有关可变荷载组合值之和。本条改自《建筑抗震设计规范》（GB 50011—2010）第 5. 1. 3 条（强条）、《室外给水排水和燃气热力工程抗震设计规范》（GB 50032—2003）第 5. 1. 4 条（强条）。

附：现行标准的相关条文

（1）GB 50011—2010：

5. 1. 3 计算地震作用时，建筑的重力荷载代表值应取结构和构配件自重标准值和各可变荷载组合值之和。各可变荷载的组合值系数，应按表 5. 1. 3 采用。

表 5. 1. 3 组合值系数

可变荷载种类		组合值系数
雪荷载		0. 5
屋面积灰荷载		0. 5
屋面活荷载		不计入
按实际情况计算的楼面活荷载		1. 0
按等效均布荷载计算的楼面活荷载	藏书库、档案库	0. 8
	其他民用建筑	0. 5
起重机悬吊物重力	硬钩吊车	0. 3
	软钩吊车	不计入

注：硬钩吊车的吊重较大时，组合值系数应按实际情况采用

（2）GB 50032—2003：

5. 1. 4 计算地震作用时，构筑物（含架空管道）的重力荷载代表值应取结构构件、防水层、防腐层、保温层（含上覆土层）、固定设备自重标准值和其他永久荷载标准值（侧土压力、内水压力）、可变荷载标准值（地表水或地下水压力等）之和。可变荷载标准值中的雪荷载、顶部和操作平台上的等效均布荷载，应取 50% 计算。

【实施与检查】

1. 实施

对于按等效均布计算的楼面消防车荷载，根据概率原理，当建筑工程发生火灾、消防车进行消防作业的同时，本地区发生 50 年一遇地震（多遇地震）的可能性是很小的。因此，对于建筑抗震设计来说，消防车荷载属于另一种偶然荷载，计算建筑的重力荷载代表值时，可不予以考虑。

2. 检查

检查重力荷载代表值，查看计算的组合系数。

4.1.4　抗震验算的范围和设计基本要求

> 4.1.4　**各类建筑与市政工程结构的抗震设计应符合下列规定：**
>
> 1　**各类建筑与市政工程结构均应进行构件截面抗震承载力验算。**
>
> 2　**应进行抗震变形、变位或稳定验算。**
>
> 3　**应采取抗震措施。**

【编制说明】

本条明确了结构构件抗震验算的范围和设计基本要求。

强烈地震下结构和构件并不存在承载力极限状态的可靠度。从根本上说，建筑结构的抗震验算应该是在强烈地震下的弹塑性变形能力和承载力极限状态的验算。本条结合我国工程实践的实际情况，对构件抗震承载力验算范围和设计基本要求提出强制性要求，是必要的。本条改自《建筑抗震设计规范》（GB 50011—2010）第5.1.6条（强条）、《室外给水排水和燃气热力工程抗震设计规范》（GB 50011—2003）第5.1.11条（强条）等。

附：现行标准的相关条文

（1）GB 50011—2010：

> 5.1.6　结构的截面抗震验算，应符合下列规定：
>
> 1　6度时的建筑（不规则建筑及建造于Ⅳ类场地上较高的高层建筑除外），以及生土房屋和木结构房屋等，应允许不进行截面抗震验算，但应符合有关的抗震措施要求。
>
> 2　6度时不规则建筑、建造于Ⅳ类场地上较高的高层建筑，7度和7度以上的建筑结构（生土房屋和木结构房屋等除外），应进行多遇地震作用下的截面抗震验算。
>
> 注：采用隔震设计的建筑结构，其抗震验算应符合有关规定。

（2）GB 50032—2003：

> 5.1.11　构筑物和管道结构的抗震验算，应符合下列规定：
>
> 1　设防烈度为6度或本规范有关各章规定不验算的结构，可不进行截面抗震验算，但应符合相应设防烈度的抗震措施要求。
>
> 2　埋地管道承插式连接或预制拼装结构（如盾构、顶管等）应进行抗震变位验算。
>
> 3　除1、2款外的构筑物、管道结构均应进行截面抗震强度或应变量验算；对污泥消化池、挡墙式结构等，尚应进行抗震稳定验算。

【实施与检查】

1. 实施

6度设防时一般不计算，当规范、规程中有具体规定时仍应计算。对于一些体型复杂的不规则结构，仍然需要计算。

不规则建筑，按相关的技术标准进一步界定。

2. 检查

检查抗震验算范围，查看计算的原始参数和构件验算内容。

4.2 地震作用

4.2.1 计算方法的选取原则

4.2.1 **建筑与市政工程的水平地震作用确定应符合下列规定：**

1 **采用底部剪力法或振型分解反应谱法计算建筑结构、桥梁结构、地上管线、地上构筑物等建筑与市政工程的水平地震作用时，水平地震影响系数的取值应符合本规范第4.2.2条规定。**

2 **采用时程分析法计算建筑结构、桥梁结构、地上管线、地上构筑物等市政工程的水平地震作用时，输入激励的平均地震影响系数曲线应与振型分解反应谱法采用地震影响系数曲线在统计意义上相符。**

3 **地下工程结构的水平地震作用应根据地下工程的尺度、结构构件的刚度以及地震地面运动的差异变形采用简化方法或时程分析方法确定。**

【编制说明】

本条明确了地震作用计算方法的选取原则。

地震作用计算是结构抗震设计的重要内容，而地震作用取值的合适与否很大程度上取决于地震作用计算方法选择的是否合适。本条对各种地震作用计算方法的基本原则进行强制性规定是合适的。本条改自《建筑抗震设计规范》(GB 50011—2010) 第5.1.2条、第5.1.4条 (强条) 等。

【实施注意事项】

时程分析时地震波的选择，在《建筑抗震设计规范》(GB 50011—2010) 中是有明确要求的，包括输入波的频谱特性 (β 谱)、有效持时、有效峰值、地震影响系数 ($\alpha=k \cdot g$)、基底剪力的响应误差等。此次《建筑与市政工程抗震通用规范》制定时，将输入地震波的平均地震影响系数 ($\alpha=k \cdot \beta$) 曲线要求纳入强制性要求，工程实施时请注意把握和落实。

4.2.2 水平地震影响系数取值

4.2.2 **各类建筑与市政工程的水平地震影响系数取值，应符合下列规定：**

1 **水平地震影响系数应根据烈度、场地类别、设计地震分组和结构自振周期以及阻尼比确定。**

2 **水平地震影响系数最大值不应小于表4.2.2-1的规定。**

表 4.2.2-1　水平地震影响系数最大值

地震影响	6 度	7 度		8 度		9 度
	0.05g	0.10g	0.15g	0.20g	0.30g	0.40g
多遇地震	0.04	0.08	0.12	0.16	0.24	0.32
设防地震	0.12	0.23	0.34	0.45	0.68	0.90
罕遇地震	0.28	0.50	0.72	0.90	1.20	1.40

3　**特征周期应根据场地类别和设计地震分组按表 4.2.2-2 采用。当有可靠的剪切波速和覆盖层厚度且其值处于表 3.1.3 所列场地类别的分界线±15%范围内时，应按插值方法确定特征周期。**

表 4.2.2-2　特征周期值（s）

设计地震分组	场地类别				
	I_0	I_1	Ⅱ	Ⅲ	Ⅳ
第一组	0.20	0.25	0.35	0.45	0.65
第二组	0.25	0.30	0.40	0.55	0.75
第三组	0.30	0.35	0.45	0.65	0.90

4　**计算罕遇地震作用时，特征周期应在本条第 3 款规定的基础上增加 0.05s。**

【编制说明】

本条明确各类建筑与市政工程水平地震影响系数取值的规定。弹性反应谱理论仍是现阶段抗震设计的最基本理论，我国工程界习惯采用地震影响系数曲线形式来表述反应谱。本条规定了不同设防烈度、设计地震分组和场地类别的地震影响系数的基本设计参数——最大值和设计特征周期等，是正确计算建筑结构地震作用的关键。本条改自《建筑抗震设计规范》(GB 50011—2010）第 5.1.4 条（强条）、第 5.1.5 条。

【实施与检查】

1. 实施

凡国家标准和各行业标准无明确规定的结构，其阻尼比均按 0.05 取值。

当采用《工程场地地震动安全性评价报告》作为工程抗震设计依据时，《工程场地地震动安全性评价报告》应按规定的权限审批，且按地震安全性评价报告所提供的参数计算的地震作用不应小于按设防烈度和规范方法计算的结果，否则，应按规范方法的计算结果进行设计。

进行罕遇地震计算的设计特征周期增加 0.05s，以反映大震级地震动的频谱特性与中小震级的不同。

2. 检查

检查地震影响系数，查看计算书的烈度、设计地震分组、阻尼比和场地类别。

4.2.3 最小剪力系数

4.2.3 多遇地震下，各类建筑与市政工程结构的水平地震剪力标准值应符合下列规定：

1 建筑结构抗震验算时，各楼层水平地震剪力标准值应符合下式规定：

$$V_{Eki} \geqslant \lambda \sum_{j=i}^{n} G_j \tag{4.2.3-1}$$

式中 V_{Eki}——第 i 层水平地震剪力标准值；

λ——最小地震剪力系数，应按本条第 3 款的规定取值，对竖向不规则结构的薄弱层，尚应乘以 1.15 的增大系数；

G_j——第 j 层的重力荷载代表值。

2 市政工程结构抗震验算时，其基底水平地震剪力标准值应符合下式规定：

$$V_{Ek0} \geqslant \lambda G \tag{4.2.3-2}$$

式中 V_{Ek0}——基底水平地震剪力标准值；

λ——最小地震剪力系数，应按本条第 3 款的规定取值；

G——总重力荷载代表值。

3 多遇地震下，建筑与市政工程结构的最小地震剪力系数取值应符合下列规定：

1）对扭转不规则或基本周期小于 3.5s 的结构，最小地震剪力系数不应小于表 4.2.3 的基准值；

2）对基本周期大于 5.0s 的结构，最小地震剪力系数不应小于表 4.2.3 的基准值的 0.75 倍；

3）对基本周期介于 3.5s 和 5.0s 之间的结构，最小地震剪力系数不应小于表 4.2.3 的基准值的（$9.5-T_1$）/6 倍（T_1 为结构计算方向的基本周期）。

表 4.2.3 最小地震剪力系数基准值 λ_0

设防烈度	6	7	7（0.15g）	8	8（0.30g）	9
λ_0	0.008	0.016	0.024	0.032	0.048	0.064

【编制说明】

本条明确水平地震作用的下限控制要求。地震作用的取值直接决定着工程结构的抗震承载能力，是抗震设计的重要内容之一。但鉴于现阶段的科学技术手段，尚难以对地震以及地震地面运动的强度、频谱、持续时间等特性作出准确的预测，另一方面，结构计算本身仍然存在很大的不确定性，因此，为了保证工程结构具备必要的抗震承载能力，对用于结构设计的地震作用作出下限规定，已成为国际通行的做法。本条改自《建筑抗震设计规范》（GB 50011—2010）第 5.2.5 条（强条）。

【实施与检查】

1. 实施

（1）当底部总剪力相差较多时，结构的选型和总体布置需重新调整，不能仅采用乘以增大系数方法处理；

（2）只要底部总剪力不满足要求，则以上各楼层的剪力均需要调整，不能仅调整不满足的楼层；

（3）满足最小地震剪力是结构后续抗震计算的前提，只有调整到符合最小剪力要求才能进行相应的地震倾覆力矩、构件内力、位移等的计算分析；即应先调整楼层剪力，再计算内力及位移；

（4）采用时程分析法时，其计算的总剪力也需符合最小地震剪力的要求；

（5）最小剪力系数的规定不考虑阻尼比的不同，是最低要求，各类结构，包括钢结构、隔震和消能减震结构均需一律遵守；

（6）采用场地地震安全性评价报告的参数进行计算时，也应遵守本规定。

2. 检查

检查最小地震剪力，查看计算结果的楼层剪力系数。

【延伸阅读】关于最小剪力系数控制的几个问题

1. 要点注释

（1）抗震验算：此处的抗震验算包含结构抗震验算的所有内容，即《建筑抗震设计规范》（GB 50011—2010）第 5.4 节“截面抗震验算”和第 5.5 节“抗震变形验算”的所有规定内容。因此，满足最小剪重比要求是抗震设计的必要条件。

（2）关于竖向不规则结构的薄弱层：按《建筑抗震设计规范》（GB 50011—2010）第 3.4.3 条第 2 款规定，“平面规则而竖向不规则的建筑，应采用空间结构计算模型，刚度小的楼层的地震剪力应乘以不小于 1.15 的增大系数……”，抗震验算时，薄弱层的剪力变为：$V_{Eki设}=1.15^{+}V_{Eki计}$，即规范式（4.2.3-1）的左端放了 1.15 倍以上，为了保持结构整体调控幅度的一致性，式（4.2.3-1）的右端项也应相应提高。

2. 为什么要控制最小剪力系数

地震作用的取值直接决定着工程结构的抗震能力，是抗震设计的重要内容之一。但在现阶段科学技术条件下，地震作用计算结果本身具有极大的不确定性，工程需要一个安全、兜底的控制阀门。这已成为国际通行的做法。其原因如下：

（1）人类对于地震认知的局限性，导致了中长期地震预测预报具有极大的不确定性。现阶段，地震区划图给定的烈度或参数，是具有极大的不确定性的。在工程结构的设计使用年限内，发生超烈度地震的可能性，是存在的，而且不会太小，尤其是在目前的中低烈度地区。

因此，作为地震作用计算的“上游”输入条件——地震动参数，本身是不确定的！所以，规范的用词是“设计基本地震加速度”，其中的“基本”二字就表明了规范的态度。

（2）人类对于地震时地面的运动状态，还远远谈不上充分认知和完全把握。目前比较统一的认识，还是幅值、频谱、持时三个基本要素和三个平动分量的若干性质等。虽然近年来，相关的研究学者们在地震地面运动的扭转成分、长周期成分、近断层的局部放大效应、脉冲效应、上下盘效应，以及局部地形导致的孤山效应、盆地效应等多方面进行了大量卓有成效研究，但不可否认，目前为止，人类对于地震时地面运动状态的认知和了解，还是朦胧的、模糊的。

所以，目前为止，世界各国关于地震作用的计算，还是停留在“反应谱”的层面。所谓的“谱”，就是“大概、差不多”的意思，是一个相对笼统和模糊的判断，远达不到准确和清晰！依此进行计算，其结果也必然只是一个大致的估计，不能作为精确的地震作用！

（3）人类关于建筑结构地震响应机理的认识，仍然是粗略的和片面的。当前，世界各国规范关于地震作用计算的方法，基本上都是基于牛顿第二运动定律的质点动力学原理，再辅以必要的假定和简化处理，比如结构底部与大地之间完全固接，再比如结构杆件的分布质量全部集中到计算节点，等等。这些假定和简化手段的采用，势必会带来相当程度的误差，甚至是错误，计算结果也难言准确和恰当！

（4）结构计算模型本身也存在极大的不确定性。尽快科技进步日新月异，但工程结构的计算理论和手段仍然需要借助于大量的假定和简化手段才能进行。与工程结构的实际情况相比，计算模型的构件尺寸、荷载取值与布置、材料性质、结构阻尼，等等，仍然会存在相当的出入。

3. 如何控制地震作用的底线

目前，关于考虑地震作用不确定性而采取的控制对策，主要分为两类，其一是控制设计反应谱的下限取值，如《89 规范》和欧洲规范；其二是直接控制地震作用取值的下限，如我国的《2001 规范》《2010 规范》，美国的 ASCE7 等。

1）反应谱下限控制

《89 规范》和欧洲规范等均对地震作用计算用反应谱提出了下限规定：《89 规范》的下限值：$0.2\alpha_{max}$，欧洲规范的下限值：$0.2\alpha_g$（图 4.2.3－1）。

2）楼层剪力控制

如前所述，与《89 规范》相比，《2001 规范》和《2010 规范》关于地震作用控制的变化有两点，一是将设计反应谱的周期范围由 3s 扩到 6s，同时反应谱的下限水平段取消，改为斜线下降；二是增加了最小剪力系数的控制要求（图 4.2.3－2）。

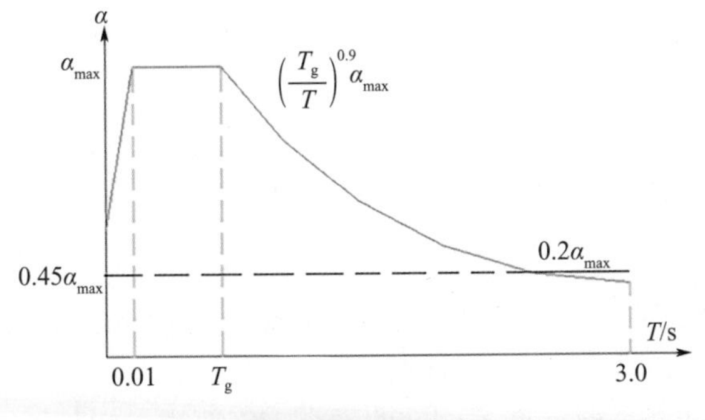

《89规范》设计谱

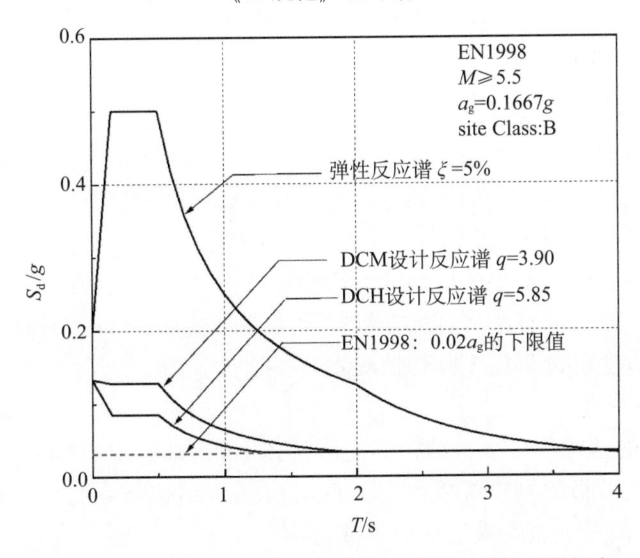

图4.2.3－1　《89规范》与欧洲规范反应谱的下限规定

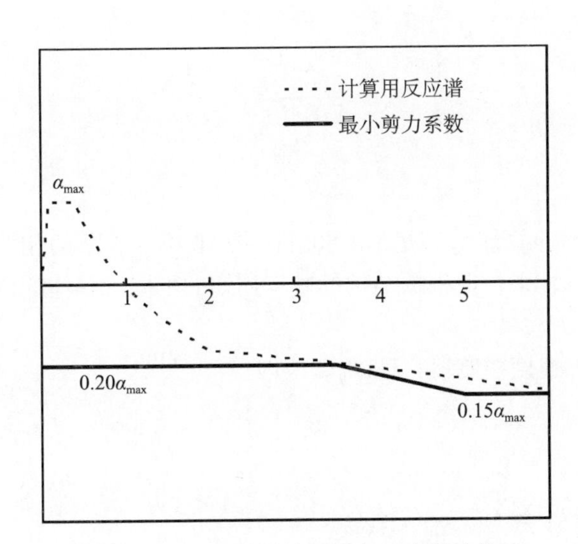

图4.2.3－2　最小剪力系数与反应谱的关系

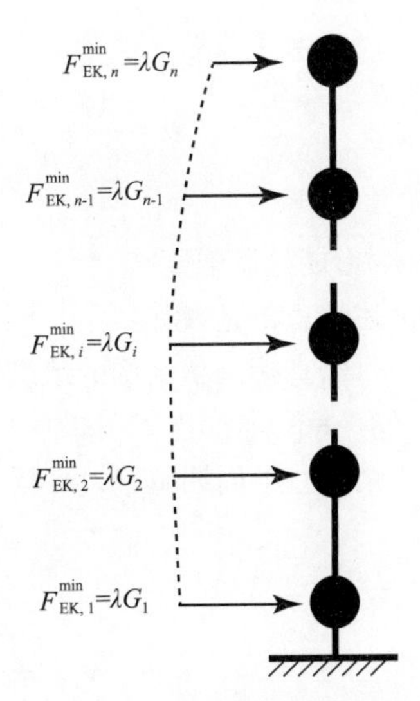

图4.2.3－3　最小侧向分布力简图

记 $V_{\mathrm{Ek}i}^{\min}=\lambda\sum_{j=i}^{n}G_j$ 为规范要求的各楼层抗震验算用最小地震剪力，则相邻两楼层的差值为

$$F_{\mathrm{Ek}i}^{\min}=V_{\mathrm{Ek},i}^{\min}-V_{\mathrm{Ek},i-1}^{\min}=\lambda\left(\sum_{j=i}^{n}G_j-\sum_{j=i-1}^{n}G_j\right)=\lambda G_i$$

可见，规范实际上规定了一组用于抗震验算的最小侧向分布力，这与近现代建筑抗震初期的静力理论——震度法的要求是一致的。

因此，在本质上，本条就是不同烈度区的最小震度要求，它与结构类型、结构材料与阻尼、减隔震措施无关，也与地震动参数的取值、地震作用的计算方法无关，主要与设防烈度（或设防用的地震动参数）相关。它实质上也是在用静力法对动力计算结果进行检验或校验。

4. 不满足下限时如何调整

目前，国内工程界对于“要控制最小剪力系数”这件事的本身，一般没有太大的争议。但对于剪力系数不满足要求时，如何调整，是调强度还是调刚度？却一直争议不断。

规范规定非常明确，“抗震验算时”最小剪力系数应满足要求，而我国规范的抗震验算是包括两个层面的内容的，即整体层面的变形验算和构件截面层面的强度验算。因此，当变形验算不能通过时，必须调整刚度；当变形验算能够通过时，可以调强度。

具体地，调整方法可分为以下几种情况：

1）变形不过调刚度

在相当于上述 的地震作用下，结构的变形验算不能满足 GB 50011—2010 第 5.5 节的相关要求时，说明结构本身的刚度配置不足，此时应调整结构体系，增强结构刚度（或减小结构重量），而不能简单地放大楼层剪力系数。

一般来说，可按下述关系式对建筑结构的层间刚度是否满足要求，进行大致的判断：

$$\theta=\frac{V_{\mathrm{Ek},i}^{\min}}{K_i\cdot h}\leqslant[\theta]\qquad K_i\geqslant\frac{V_{\mathrm{Ek},i}^{\min}}{[\theta]\cdot h}=\frac{\lambda\sum_{j=i}^{n}G_j}{[\theta]\cdot h}$$

2）变形能过调强度

当上述 $F_{\mathrm{Ek}i}^{\min}$ 的地震作用下，结构的变形验算能够满足 GB 50011—2010 第 5.5 节的相关要求时，可以直接调整结构的地震作用计算结果，但根据结构的基本周期的不同，具体的调整方法又有所不同：

①当结构基本周期位于设计反应谱的加速度控制段，即 $T_1\leqslant T_{\mathrm{g}}$ 时，

$$\eta>[\lambda]/\lambda_1$$

$$V_{\mathrm{Ek}i}^{*}=\eta V_{\mathrm{Ek}i}=\eta\lambda_1\sum_{j=i}^{n}G_j\qquad(i=1,\ \cdots,\ n)$$

式中　η——楼层水平地震剪力放大系数；

$[\lambda]$——规范规定的楼层最小地震剪力系数值；

λ_1——结构底层的地震剪力系数计算值；

V_{Eki}^{*}——调整后的第 i 楼层水平地震作用标准值。

②当结构基本周期位于设计反应谱的位移控制段，即 $T_1 \geqslant 5T_g$ 时：

$$\Delta\lambda > [\lambda] - \lambda_1$$

$$V_{Eki}^{*} = V_{Eki} + \Delta V_{Eki} = (\lambda_i + \Delta\lambda)\sum_{j=i}^{n} G_j \quad (i = 1, \cdots, n)$$

③当结构基本周期位于设计反应谱的速度控制段，即 $T_g<T_1<5T_g$ 时：

$$\eta > [\lambda]/\lambda_1$$

$$\Delta\lambda > [\lambda] - \lambda_1$$

$$V_{Eki}^{1} = \eta V_{Eki} = \eta\lambda_i \sum_{j=i}^{n} G_j \quad (i = 1, \cdots, n)$$

$$V_{Eki}^{2} = V_{Eki} + \Delta V_{Eki} = (\lambda_i + \Delta\lambda)\sum_{j=i}^{n} G_j \quad (i = 1, \cdots, n)$$

$$V_{Eki}^{*} = (V_{Eki}^{1} + V_{Eki}^{2})/2$$

4.3　抗震验算

4.3.1　强度验算的基本原则和要求

4.3.1　结构构件的截面抗震承载力，应符合下式规定：

$$S \leqslant R/\gamma_{RE} \tag{4.3.1}$$

式中　S——结构构件的地震组合内力设计值，按 4.4.2 条规定确定；

R——结构构件承载力设计值，按结构材料的强度设计值确定；

γ_{RE}——承载力抗震调整系数，除本规范另有专门规定外，应按表 4.3.1 采用。

表 4.3.1　承载力抗震调整系数

材料	结构构件	受力状态	γ_{RE}
钢	柱，梁，支撑，节点板件，螺栓，焊缝	强度	0.75
	柱，支撑	稳定	0.80
砌体	两端均有构造柱、芯柱的承重墙	受剪	0.90
	其他承重墙	受剪	1.00
	组合砖砌体抗震墙	偏压、大偏拉和受剪	0.9
	配筋砌块砌体抗震墙	偏压、大偏拉和受剪	0.85
	自承重墙	受剪	0.75
混凝土 钢-混凝土 组合	梁	受弯	0.75
	轴压比小于 0.15 的柱	偏压	0.75
	轴压比不小于 0.15 的柱	偏压	0.80
	抗震墙	偏压	0.85
	各类构件	受剪、偏拉	0.85
木	受弯、受拉、受剪构件	受弯、受拉、受剪	0.90
	轴压和压弯构件	轴压和压弯	0.90
	木基结构板剪力墙	强度	0.80
	连接件	强度	0.85
竖向地震为主的地震组合内力起控制作用时			1.00

【编制说明】

明确结构构件抗震承载力验算的基本原则和要求。

结构在设防烈度下的抗震验算根本上应该是弹塑性变形验算，但为减少验算工作量并符合设计习惯，对大部分结构，将变形验算转换为众值烈度地震（多遇地震）作用下构件承载力验算的形式来表现。现阶段大部分结构构件截面抗震验算时，采用了各有关规范的承载力设计值 R_d，因此，抗震设计的抗力分项系数，就相应地变为非抗震设计的构件承载力设计值的抗震调整系数 γ_{RE}，即 $\gamma_{RE}=R_d/R_{dE}$ 或 $R_{dE}=R_d/\gamma_{RE}$。为了保证结构构件抗震承载力验算的准确性，对抗震验算的基本表达式及关键参数取值提出强制性要求，是必要的。本条改自《建筑抗震设计规范》(GB 50011—2010) 第 5.4.2（强条）、第 5.4.3（强条）条。

关于荷载分项系数的取值，《规范》的变动是，根据上级主管部门提高结构安全度的指示、经与《工程结构通用规范》协调确定。《建筑结构可靠性设计统一标准》(GB 50069—2018) 对可靠度水平进行了适当提高，相应的荷载分项系数 γ_G、γ_Q 分别由 1.2、1.4 提高为 1.3 和 1.5。这一规定业已纳入同步修订的《工程结构通用规范》中。根据上级主管部门提高结构安全度的指示，经与《工程结构通用规范》协调，本规范中的地震作用的分项系数由 1.3 改为 1.4。

条文中，不包括在重力荷载内的永久荷载，主要指的是土压力、水压力、预应力等不变荷载；不包括在重力荷载内可变荷载主要包括温度作用、风荷载等。

【实施与检查】

1. 实施

对电算结果的分析认可是十分重要的；对关键的抗震薄弱部位和构件，抗震承载力必须满足要求，必要时应采用手算复核，避免电算结果因计算模型不完全符合实际而造成安全隐患。

由于抗震承载力验算时引入的“承载力抗震调整系数”γ_{RE} 小于 1.0，构件设计内力的最不利组合不一定是地震基本组合，在设防烈度较低时尤其如此，此时，要特别注意这些构件的细部构造要求。

地基基础构件的抗震验算，与地基基础设计规范协调，仍采用基本组合，其表达式按《建筑与市政工程抗震通用规范》第 4.3.1 条规定执行，基础构件的抗震承载力调整系数 γ_{RE} 应根据受力状态按照《建筑与市政工程抗震通用规范》表 4.3.1 采用。例如，对于钢筋混凝土柱下独立基础的底板抗弯配筋计算可按梁受弯采用，即 γ_{RE} 取 0.75；对条形地基梁的抗剪验算取 0.85 等。

2. 检查

检查抗震验算表达式，查看关键部位的构件抗震承载力。

4.3.2　地震作用效应组合

4.3.2　结构构件抗震验算的组合内力设计值应采用地震作用效应和其他作用效应的基本组合值，并应符合下式规定：

$$S=\gamma_G S_{GE}+\gamma_{Eh}S_{Ehk}+\gamma_{Ev}S_{Evk}+\sum\gamma_{Di}S_{Dik}+\sum\psi_i\gamma_i S_{ik} \quad (4.3.2)$$

式中　S——结构构件地震组合内力设计值，包括组合的弯矩、轴向力和剪力设计值等；

γ_G——重力荷载分项系数，按表 4.3.2-1 采用；

γ_{Eh}、γ_{Ev}——分别为水平、竖向地震作用分项系数，其取值不应低于表 4.3.2-2 的规定；

γ_{Di}——不包括在重力荷载内的第 i 个永久荷载的分项系数，应按表 4.3.2-1 采用；

γ_i——不包括在重力荷载内的第 i 个可变荷载的分项系数，不应小于 1.5；

S_{GE}——重力荷载代表值的效应，有吊车时，尚应包括悬吊物重力标准值的效应；

S_{Ehk}——水平地震作用标准值的效应；

S_{Evk}——竖向地震作用标准值的效应；

S_{Dik}——不包括在重力荷载内的第 i 个永久荷载标准值的效应；

S_{ik}——不包括在重力荷载内的第 i 个可变荷载标准值的效应；

ψ_i——包括在重力荷载内的第 i 个可变荷载的组合值系数，应按表 4.3.2-1 采用。

表 4.3.2-1 各荷载分项系数及组合系数

荷载类别、分项系数、组合系数			对承载力不利	对承载力有利	适用对象
永久荷载	重力荷载	γ_G	≥1.3	≤1.0	所有工程
	预应力	γ_{Dy}			
	土压力	γ_{Ds}	≥1.3	≤1.0	市政工程、地下结构
	水压力	γ_{Dw}			
可变荷载	风荷载	ψ_w	0.0		一般的建筑结构
			0.2		风荷载起控制作用的建筑结构
	温度作用	ψ_t	0.65		市政工程

表 4.3.2-2 地震作用分项系数

地 震 作 用	γ_{Eh}	γ_{Ev}
仅计算水平地震作用	1.4	0.0
仅计算竖向地震作用	0.0	1.4
同时计算水平与竖向地震作用（水平地震为主）	1.4	0.5
同时计算水平与竖向地震作用（竖向地震为主）	0.5	1.4

【编制说明】

明确结构构件截面的地震组合内力计算原则和要求。

地震作用效应组合是结构构件抗震设计的重要内容，设计人员应严格执行。需要注意的是，鉴于地震本身的不确定性以及结构抗震计算的不确定性，结构计算所得的地震作用效应尚应根据抗震概念设计的原则要求进行必要的调整。本条改自《建筑抗震设计规范》(GB 50011—2010) 第 5.4.1 (强条)。

【实施与检查】

1. 实施

地震作用效应基本组合中，含有考虑抗震概念设计的一些效应调整。在《建筑抗震设计规范》及相关技术规程中，属于抗震概念设计的地震作用效应调整的内容较多，有的是在地震作用效应组合之前进行的，有的是在组合之后进行的，实施时需加以注意。

2. 检查

检查地震基本组合，查看计算的分项系数。

4.3.3　抗震变形验算

> 4.3.3　**各类结构地震作用下的变形验算应符合下列规定：**
>
> 1　**钢筋混凝土结构、钢结构、钢-混凝土组合结构等房屋建筑，应进行多遇地震下的弹性变形验算，并不应大于容许变形值；**
>
> 2　**桥梁结构，应验算罕遇地震作用下顺桥向和横桥向桥墩墩顶的位移或桥墩塑性铰区域塑性转动能力，墩顶的位移不应大于桥墩容许位移，塑性铰区域的塑性转角不应大于最大容许转角。**

【编制说明】

明确各类结构的地震变形验算原则和要求。

结构抗震验算根本上应该是弹塑性变形验算，抗震相关技术标准主要进行的是结构构件抗震承载力验算，其主要目的是为了减少验算工作量并符合设计习惯。鉴于抗震变形验算的重要性以及结构计算分析技术和手段的丰富与发展，本条对各类工程结构抗震变形验算的基本原则和要求作出强制性要求，既可以促进结构弹塑性分析技术的发展和应用，也可以确保工程结构的抗震安全性，是十分必要的。本条改自《建筑抗震设计规范》（GB 50011—2010）第5.5.1条、第5.5.5条，《城市桥梁抗震设计规范》（CJJ 166—2011）第7.2.1条、第7.3.1条。

第 5 章　建筑工程抗震措施

5.1　一般规定

5.1.1　建筑概念设计的基本原则

> 5.1.1　**建筑设计应根据抗震概念设计的要求明确建筑形体的规则性。不规则的建筑应按规定采取加强措施；特别不规则的建筑应进行专门研究和论证，采取特别的加强措施；不应采用严重不规则的建筑方案。**

【编制说明】

本条明确了建筑方案的概念设计原则。

宏观震害经验表明，在同一次地震中，体型复杂的房屋比体型规则的房屋容易破坏，甚至倒塌（图 5.1.1－1）。建筑方案的规则性对建筑结构的抗震安全性来说十分重要。

(a)

(b)

(c)

图 5.1.1－1　汶川地震中，陕西略阳某三层砖混结构因严重不规则而破坏；而同一厂区的其他建筑普遍为完好或轻微裂缝（拍摄：罗开海）

(a) 底层车库，正面没有纵墙；(b) 背面纵墙竖向不连续；(c) 底层墙体破坏严重

本条对建筑师的建筑设计方案提出了强制性要求，要求业主、建筑师、结构工程师必须严格执行，优先采用符合抗震概念设计原理的、规则的设计方案；对于一般不规则的建筑方案，应按规范、规程的有关规定采取加强措施；对特别不规则的建筑方案要进行专门研究和

论证，采取高于规范、规程规定的加强措施，其中，对于特别不规则的高层建筑应进行严格的抗震设防专项审查；对于严重不规则的建筑方案应要求建筑师予以修改、调整。

本条改自《建筑抗震设计规范》(GB 50011—2010) 第3.4.1条（强条）。

《建筑抗震设计规范》(GB 50011—2010)：

> 3.4.1　建筑设计应根据抗震概念设计的要求明确建筑形体的规则性，不规则的建筑应按规定采取加强措施；特别不规则的建筑应进行专门的研究和论证，采取特别的加强措施；不应采用严重不规则的建筑方案。
>
> 注：形体指建筑平面形状和立面、竖向剖面的变化。

【实施与检查】

1. 实施

所谓规则，包含了对建筑平、立面外形，抗侧力构件布置、质量分布，直至承载力分布等诸多因素的综合要求，很难一一用若干个简化的定量指标划分。

设防烈度不同，不规则建筑方案的界限相同，但设计要求有所不同。烈度越高，不仅仅是需要采取的措施增加，体现各种概念设计的调整系数也要加大。

不同的结构类型，由于可采取的措施不同，不规则的定量指标也不尽相同。对砌体结构而言属于严重不规则的建筑方案，改用混凝土结构则可能采取有效的抗震措施使之转化为非严重不规则。例如，较大错层的多层砌体房屋，其总层数比没有错层时多一倍，则房屋的总层数可能超过砌体房屋层数的强制性限值，不能采用砌体结构；改为混凝土结构，只对房屋总高度有最大适用高度的控制。对属于严重不规则的普通钢筋混凝土结构，改为钢结构，也可能采取措施将严重不规则转化为一般不规则或特别不规则。

对于不落地构件通过次梁转换的问题，应慎重对待。少量的次梁转换，设计时对不落地构件（混凝土墙、砖抗震墙、柱、支撑等）的地震作用如何通过次梁传递到主梁又传递到落地竖向构件要有明确的计算，并采取相应的加强措施，方可视为有明确的计算简图和合理的传递途径。

结构薄弱层和薄弱部位的判别、验算及加强措施，应针对具体情况正确处理，使其确实有效。

一个体型不规则的房屋，要达到国家标准规定的抗震设防目标，在设计、施工、监理方面都需要投入较多的力量，需要较高的投资，有时可能是不切实际的。因此，严重不规则的建筑方案应予以修改、调整。一般不规则的建筑方案应按相关技术规定进行抗震设计；同时有多项明显不规则或仅某项不规则接近上限的建筑方案，只要不属于严重不规则，结构设计人员应采取比标准技术要求更加有效的措施。其中，对于高层建筑，应按建设部第111号令的要求，在初步设计阶段，由建设单位向工程所在地的省级建设行政主管部门提出超限建造的申请，经专家委员会审查通过后方可进行施工图设计。

2. 检查

检查建筑的规则性，查看不规则建筑设计方案的规则性论证和调整。

【延伸阅读】抗震概念设计的内涵与外延

1. 为什么要进行抗震概念设计

地震是一种随机振动，有着难于把握的复杂性和不确定性，要准确预测建筑物未来可能遭遇地震的特性和参数，现有的科学技术水平难以做到。另一方面，在结构分析时，由于在结构几何模型、材料本构关系、结构阻尼变化、荷载作用取值等方面都存在较大的不确定性，计算结果与结构的实际反应之间也存在较大差距。在建筑抗震理论远未达到科学严密的情况下，单靠结构计算分析难以保证建筑具有良好的抗震能力。因此，着眼于建筑总体抗震能力的抗震概念设计，越来越受到世界各国工程界的重视。

2. 抗震概念设计是什么

所谓“抗震概念设计”，是指人们根据地震灾害和工程经验等所形成的基本设计原则和设计思想，进行建筑和结构总体布置并确定细部构造的设计过程。抗震概念设计是从事抗震设计的注册建筑师、注册结构工程师需要具备的最基本的设计技能。

总结历次地震建筑物震害的经验和教训，一个共同的启示就是：要减轻房屋建筑的地震破坏，设计出一个合理、有效的抗震建筑，需要注册建筑师和注册结构工程师的共同努力、密切配合才行，仅仅依赖于结构工程师的“计算分析”是不够的，往往要更多地依靠良好的抗震概念设计。实践也证明，在工程设计一开始，就把握好房屋体形、建筑布置、结构体系、刚度分布、构件延性等主要方面，从根本上消除建筑中的抗震薄弱环节，再辅以必要的计算和构造措施，才有可能使设计的产品（建筑物）具有良好的抗震性能和足够的抗震可靠度。

3. 抗震概念设计有哪些内容

从建筑工程设计的全过程看，一个完整的抗震概念设计应包括以下几个方面：

概念 1：抗震设计目标要清晰明确。地震是多发性的，一个地区在未来一定时期内可能遭遇的地震将不止一次，烈度或高或低。新建房屋以什么样的烈度或地震动参数作为设防对象，要达到什么样的目标，是抗震设计首先需要确定的问题。

概念 2：选择合适的工程场址。在以往的地震中，由于断层错动、山崖崩塌、河岸滑坡、地层陷落等严重地面破坏直接导致建筑物破坏的现象很多。而这种情况，单靠工程措施是很难达到预防目的的。因此，工程场址的选择也是抗震设计必须解决的基本问题。

概念 3：建筑方案要合理。一般而言，一栋房屋的动力特性基本上取决于它的建筑布局和结构布置。建筑布局简单合理，结构布置符合抗震原则，就从根本上保证房屋具有良好的抗震能力；反之，房屋体形复杂、建筑布局奇特，结构布置存在薄弱环节，即使进行特别精细的地震反应分析，采取特殊的补强措施，也不一定能达到预期的设防目标。

概念 4：结构布局要合理。结构布置在平面上应力求均匀、对称，减小扭转效应；竖向要等强，避免出现软弱楼层等。

概念 5：选择恰当的结构材料。从抗震角度考虑，一种好的结构材料，应该具备以下性能：延性系数高；强屈比大；匀质性好；正交各向同性；构件连接具有整体性、连续性和较好的延性。因此，选择合适的结构材料也是抗震设计不可或缺的关键环节之一。

概念 6：抗震防线要冗余设置。一次巨大地震产生的地面运动，能造成建筑物破坏的强震持续时间，少则几秒，多则几十秒，有时甚至更长（比如汶川地震的强震持续时间达到

80s 以上）。如此长时间的震动，一个接一个的强脉冲对建筑物产生往复式的冲击，造成积累式的破坏。如果建筑物采用的是仅有一道防线的结构体系，一旦该防线破坏后，在后续地面运动的作用下，就会导致建筑物的倒塌。因此，设置合理的多道防线，是提高建筑抗震能力、减轻地震破坏的必要手段。

概念 7：抗震体系应优化配置。一个合理的抗侧力体系应该具有足够的侧向刚度和超静定次数以及合理的屈服机制。因此，按上述原则对抗侧力体形进行优化配置也是抗震设计的重要工作。

概念 8：合理控制结构的变形。地震时建筑物的损伤程度主要取决于主体结构的变形大小，因此，控制结构在预期地震下的变形是抗震设计的主要任务之一。

概念 9：保证结构的整体性。历次地震中，因结构丧失整体性而导致房屋破坏的情况为数不少，其结果往往不是全部倒塌就是局部倒塌，直接造成财产经济甚至人员的巨大损失。因此，要使建筑具有足够的抗震可靠度，确保结构在地震作用下的整体性十分必要。

概念 10：妥善处理非结构。在历次地震中，都可以发现大量的非结构构件破坏现象，虽然有一些非结构构件的破坏没有造成主体结构的进一步损伤，但是也导致了大量的经济财产损失，甚至造成社会恐慌情绪。另外，也可以发现大量因非结构构件处置不当而导致主体结构破坏甚至倒塌的现象。因此，妥善处理非结构构件也是抗震设计的主要内容之一。

5.1.2 抗震体系的选择原则

5.1.2 对于混凝土结构、钢结构、钢-混凝土组合结构、木结构的房屋，应根据设防类别、设防烈度、房屋高度、场地地基条件、使用要求和建筑形体等因素综合分析选用合适的结构体系。

混凝土结构房屋以及钢-混凝土组合结构房屋中，框支梁、框支柱及抗震等级为一级的框架梁、柱、节点核芯区的混凝土强度等级不应低于 C30。

【编制说明】

本条明确了混凝土结构、钢结构、钢-混凝土组合结构、木结构房屋抗震体系选用的基本原则。

房屋建筑抗震体系选择的合适与否直接决定着其抗震能力的高低，本条基于抗震概念设计的基本原则，作出强制性要求是必要的。本条改自《建筑抗震设计规范》（GB 50011—2010）第 6.1.1 条、第 6.1.5 条、第 6.1.9 条等。

同时，根据《通用规范》与各相关专业规范之间的任务分工，此次工程规范编制时，《通用规范》不再纳入《建筑抗震设计规范》（GB 50011—2010）第 3.9 节“结构材料与施工”的相关内容。此处将 GB 50011—2010 第 3.9.2 条的部分与结构体系相关的要求纳入，确保这一类结构体系的底线安全。

【各类房屋结构选型的基本要点】

1. 混凝土房屋

混凝土结构房屋，应根据设防烈度、房屋高度、场地地基条件、使用要求和建筑形体等因素综合分析选用框架、抗震墙、框架-抗震墙、筒体、板柱-抗震墙等结构体系，并应符合下列要求：

（1）框架结构中，抗侧力框架应沿建筑主轴方向双向设置。框架梁与柱中线之间的偏心距大于柱宽的 1/4 时，应计入偏心的影响。

（2）框架-抗震墙结构、框架-核心筒结构中，在规定水平力作用下，底层框架部分按刚度分配的地震倾覆力矩不应超过结构总地震倾覆力矩的 50%；加强层的大梁或桁架应与核心筒内的墙肢贯通，结构整体分析应计入加强层变形的影响。

（3）部分框支抗震墙结构中，框支层侧向刚度不应小于相邻非框支层的 50%，落地抗震墙间距不应超过 24m，底层框架部分按刚度分配的地震倾覆力矩不应超过结构总地震倾覆力矩的 50%。

（4）板柱-抗震墙结构的抗震墙（板柱-支撑结构的支撑框架、板柱-框架结构的框架）应具备承担结构全部地震作用的能力；其余抗侧力构件的抗剪承载能力设计值不应低于本层地震剪力设计值的 20%。

2. 钢结构房屋

钢结构房屋，应根据设防烈度、房屋高度、场地地基条件、使用要求和建筑形体等因素综合分析选用框架、框架-支撑或筒体等结构体系，并应符合下列要求：

（1）钢框架结构的抗侧力框架、框架-支撑结构的支撑框架应沿建筑主轴方向双向设置。

（2）中心支撑轴线偏离梁柱轴线交点的距离不应超过支撑杆件的宽度，并应计入偏心距的影响。

（3）偏心支撑的设置应能保证消能梁段有效工作。

（4）钢框架-筒体结构，设置伸臂加强层时，伸臂桁架应贯通内筒。

（5）房屋高度超过 50m 的钢结构应设置地下室。设置地下室时，框架-支撑（抗震墙板）结构中竖向连续布置的支撑（抗震墙板）应延伸至基础；钢框架柱应至少延伸至地下一层，其竖向荷载应直接传至基础。

（6）框架-支撑结构、框架-筒体结构中，不含支撑的框架承担的地震倾覆力矩不应超过结构底部总倾覆力矩的 50%。

3. 钢-混凝土组合结构房屋

钢-混凝土组合结构房屋，应根据设防烈度、房屋高度、场地地基条件、使用要求和建筑形体等因素综合分析选用框架、框架-支撑、框架-抗震墙/筒体、钢-混凝土筒中筒、板柱-抗震墙（筒体）等结构体系，并应符合下列要求：

（1）框架结构中，抗侧力框架应沿建筑主轴方向双向设置。框架梁、柱间的偏心距不应大于柱宽的 1/4，否则，应计入偏心的影响。

（2）框架-支撑、框架-抗震墙结构、框架-核心筒结构中，底层框架部分按刚度分配的地震倾覆力矩不应超过结构总地震倾覆力矩的 50%。

（3）部分框支抗震墙结构中，框支层侧向刚度不应小于相邻非框支层的 50%，落地抗震墙间距不应超过 24m，底层框架部分按刚度分配的地震倾覆力矩不应超过结构总地震倾覆力矩的50%。

（4）框架-核心筒结构、筒中筒结构等筒体结构中，加强层的大梁或桁架应与核心筒内墙肢贯通，结构整体分析应计入加强层变形的影响；外框架应有足够刚度，确保结构具有明显的双重抗侧力体系特征。

4. 砌体房屋

砌体结构房屋抗震体系应符合下列要求：

（1）建筑平面应简单、规则，平面轮廓的凹凸尺寸不应超过典型尺寸的50%。

（2）结构承重方案应优先采用横墙承重或纵横墙共同承重的结构体系，不应采用砌体墙和混凝土墙混合承重的结构体系。

（3）砌体抗震墙的布置应平面均匀、对称，竖向连续；抗震横墙的间距应符合规范的强制性要求。

（4）各层楼板应具有足够的面内整体刚度，以有效传递水平地震作用，楼板局部洞口尺寸不应超过楼板典型宽度的30%，且墙体两侧不应同时开洞。

（5）同一楼层的板面高差不应超过500mm，否则，应按错层处理。

（6）采取有效措施加强纵横墙体间、楼屋盖与竖向墙体间的拉结，保证房屋建筑的整体性。

5. 底部框架-抗震墙砌体房屋

底部框架-抗震墙砌体房屋的结构体系，应符合下列要求：

（1）上部的砌体墙体与底部的框架梁或抗震墙，除楼梯间附近的个别墙段外均应对齐。

（2）房屋的底部，应沿纵横两方向设置一定数量的抗震墙，并应均匀对称布置。6度且总层数不超过四层的底层框架-抗震墙砌体房屋，应允许采用嵌砌于框架之间的约束普通砖砌体或小砌块砌体的砌体抗震墙，但应计入砌体墙对框架的附加轴力和附加剪力并进行底层的抗震验算，且同一方向不应同时采用钢筋混凝土抗震墙和约束砌体抗震墙；其余情况，8度时应采用钢筋混凝土抗震墙，6、7度时应采用钢筋混凝土抗震墙或配筋小砌块砌体抗震墙。

（3）底层框架-抗震墙砌体房屋的纵横两个方向，第二层计入构造柱影响的侧向刚度与底层侧向刚度的比值，6、7度时不应大于2.5，8度时不应大于2.0，且均不应小于1.0。

（4）底部两层框架-抗震墙砌体房屋纵横两个方向，底层与底部第二层侧向刚度应接近，第三层计入构造柱影响的侧向刚度与底部第二层侧向刚度的比值，6、7度时不应大于2.0，8度时不应大于1.5，且均不应小于1.0。

（5）底部框架-抗震墙砌体房屋的底部抗震墙应设置条形基础、筏形基础等整体性好的基础。

6. 木结构房屋

木结构房屋的建筑结构布置除应符合规范第2.4节一般规定外，尚应符合下列要求：

（1）房屋的平面布置应简单规则，避免平面凹凸或拐角。

（2）纵横向围护墙体的布置应均匀对称，上下连续。

（3）楼层不应错层。

（4）木框架支撑结构、木框架剪力墙结构、正交胶合木剪力墙结构中的支撑、剪力墙等构件应沿结构两主轴方向均匀、对称布置。

7. 钢支撑-混凝土框架结构房屋

钢支撑-混凝土框架结构房屋应符合下列要求：

(1) 楼、屋盖应具有足够的面内刚度和整体性。

(2) 钢支撑-混凝土框架结构中，含钢支撑的框架应在结构的两个主轴方向均匀、对称设置，避免不合理设置导致结构平面扭转不规则。

(3) 规定水平力作用下，钢支撑-混凝土框架结构的钢支撑框架部分，按刚度分配的底部倾覆力矩不应小于结构总倾覆力矩的50%。

8. 大跨屋盖建筑

大跨屋盖建筑的结构选型和布置应符合下列要求：

(1) 屋盖及其支承结构的选型和布置应具有合理的刚度和承载力分布，避免局部削弱或突变，形成薄弱部位。应能保证地震作用分布合理，避免产生过大的内力或变形集中。

(2) 屋盖结构的形式应同时保证各向地震作用能有效传递到下部支承结构。

(3) 单向传力体系的结构布置，主结构（桁架、拱、张弦梁）间应设置可靠的支撑，保证垂直于主结构方向的水平地震作用的有效传递。

5.1.3 填充墙不利影响控制

> 5.1.3 **对于框架结构房屋，应考虑填充墙、围护墙和楼梯构件的刚度影响，避免不合理设置而导致主体结构的破坏。**

【编制说明】

本条明确了框架填充墙不利影响的控制要求。在框架结构中，隔墙和围护墙采用实心砖、空心砖、硅酸盐砌块、加气混凝土砌块砌筑时，这些刚性填充墙将在很大程度上改变结构的动力特性，对整个结构的抗震性能带来一些有利的或不利的影响。规范对这些隔墙和围护墙的总体设计要求是，在工程设计中考虑其有利的一面，防止其不利的一面。砌体填充墙由于具有较大的抗推刚度，其布置合理与否直接关系到框架的剪力分布以及整个房屋的抗震安全。震害调查表明，如果刚性非承重墙体布置不合理，会造成主体结构不同程度的破坏，甚至倒塌。本条对框架结构填充墙的不利影响提出控制性要求，是必要的。

汶川和玉树地震中，框架结构大量出现楼梯构件及相应的主体结构破坏现象，为此，《建筑抗震设计规范》(GB 50011—2010) 修订时，专门增加了对框架结构楼梯抗震的若干技术要求。本条对楼梯构件的不利影响提出控制性要求是合适的。

本条改自《建筑抗震设计规范》(GB 50011—2010) 第3.7.4条（强条）、第6.1.15条。同时，参考了欧洲规范EN 1998—1：2004第4.3.6节“砌体填充框架补充规定”以及第5.9节“砌体或混凝土填充墙的局部影响”的若干原则。

【实施与检查】

1. 实施

对考虑填充墙不利影响的抗震设计，可根据填充墙布置的不同情况区别对待：

（1）填充墙上下不均匀，形成薄弱楼层时，应按底层框架－抗震墙砌体房屋的相关要求，验算上下楼层的刚度比值，设置必要的抗震墙（混凝土或砌体），同时加强构造措施。

（2）填充墙平面布置不均匀，导致结构扭转时，要调整墙体布置或结合其他专业需要将部分砖墙改为轻质隔墙，尽量使墙体均匀、对称分布；同时，建筑的边榀构件的地震作用效应应乘以扭转效应增大系数。

（3）局部砌筑不到顶，形成短柱时，应考虑填充墙的约束作用，重新核算框架柱的剪跨比，按短柱或极短柱的相关要求进行设计，箍筋全高加密；若抗剪承载能力不足，尚应增加交叉斜向配筋。

（4）单侧布置填充墙的框架柱，上端可能冲剪破坏时，结构分析时应考虑填充墙刚度对地震剪力分配的影响，合理确定柱各部位所受的剪力和弯矩并进行截面承载能力验算；考虑填充墙对框架柱产生的附加内力，具体计算方法，可参考底部框架砌体房屋中底部框柱附加内力的计算规定，框架柱上端除考虑上述附加内力进行设计外，尚应加密箍筋，增设45°方向抗冲且钢筋等。

2. 检查

检查框架结构填充墙的布置，查看填充墙的平面、立面布置以及局部设置情况，是否存在对主体结构抗震不利的情况，结构专业采取的处理措施是否合适等。

5.1.4　山地建筑的专门要求

> 5.1.4　**建造于山地和复杂地形的建筑布置应符合下列规定：**
>
> 1　**应根据地质、地形条件和使用要求，因地制宜设置符合抗震设防要求的边坡工程。**
>
> 2　**建筑基础与土质、强风化岩质边坡的边缘应留有足够的距离。**

【编制说明】

本条明确了山地建筑的边坡工程和地基安全的强制性要求。

地震造成建筑的破坏，除了地震动直接引起结构破坏外，还有场地条件的原因，比如地表错动和断裂、地基不均匀沉降、滑坡、液化、震陷等。山区建筑工程，应依据地形、地质条件和使用要求，从总体规划、选址、勘察、边坡工程、地基基础设计、建筑施工等各个方面给予特别的重视。

本条改自《建筑抗震设计规范》（GB 50011—2010）第3.3.5条。

【山区建筑震害示例】

1. 山体崩塌

陡峭的山区，在强烈地震的震撼下，常发生巨石滚落、山体崩塌。1932年云南东川地震，大量山石崩塌，阻塞了小江。1966年再次发生的6.7级地震，震中附近的一个山头，一侧山体就崩塌了近8×10^5 m^3。1970年5月秘鲁北部地震，也发生了一次特大的塌方，塌体以每小时20~40km的速度滑移1.8km，一个市镇全部被塌方所掩埋，约2万人丧生。1976年意大利北部山区发生地震，并连下大雨，山体在强余震时崩塌，掩埋了山脚村庄的部分房屋。2008 年汶川地震中大量的山体崩塌，北川县城几乎被滑坡体掩埋（图 5. 1. 4 – 1），山体崩塌产生的巨大滚石，直接造成了建筑的破坏（图 5. 1. 4 – 2）。所以，在山区选址时，经踏勘，发现有山体崩塌、巨石滚落等潜在危险的地段，不能建房（罗开海、毋剑平，建筑工程常用抗震规范应用详解，中国建筑工业出版社，北京：2014）。

图 5. 1. 4 – 1　2008 年汶川地震中大量的山体崩塌，北川县城几乎被滑坡体掩埋

图 5. 1. 4 – 2　2008 年汶川地震中山体崩塌产生的巨大滚石，造成了建筑的破坏（拍摄：王亚勇）

2. 边坡滑移

1971 年云南通海地震，山脚下的一个土质缓坡，连同上面的一座村庄向下滑移了 100 多米，土体破裂、变形，房屋大量倒塌。1964 年美国阿拉斯加地震，岸边含有薄砂层透镜体的黏土沉积层斜坡，因薄砂层的液化而发生了大面积滑坡，土体支离破碎，地面起伏不平（图 5. 1. 4 – 3）。1968 年日本十胜冲地震，一些位于光滑、湿润黏土薄层上面的斜坡土体，也发生了较大距离的滑移。1971 年 2 月 9 日的 San Fernando 地震使 Lower Van Norman 大坝内部发生液化，几乎导致大坝漫顶（图 5. 1. 4 – 4），对居住在大坝下游的成千上万居民造成了威胁（Wai-Fah Chen，Eric M Lui，Earthquake Engineering for Structural Design，CRC press Taylor & Francis Group，2006）。

1966年邢台地震、1975年海城地震、1976年唐山地震和2008年汶川地震中均可以发现，河岸地面出现多条平行于河流方向的裂隙，河岸土质边坡发生滑移（图5.1.4-5），坐落于该段河岸之上的建筑，因地面裂缝穿过破坏严重。另外，在历次地震震害调查中还发现，位于台地边缘或非岩质陡坡边缘的建筑，由于避让距离不够，地震时边坡滑移或变形引起建筑的倒塌、倾斜或开裂（图5.1.4-6）。

图5.1.4-3 1964年Alaska大地震引起Turnagain高地产生滑坡，长度约1.5英里，宽度为1/4~1/2英里

图5.1.4-4 1971年San Fernando地震后的Lower Van Norman大坝

图5.1.4-5 2008年汶川地震北川县城河岸边坡滑移（拍摄：罗开海）

(a) (b)

图5.1.4-6 2008年汶川地震某住宅楼因边坡避让距离不足导致的开裂破坏（拍摄：罗开海）

（a）距离陡坡不足2m；（b）内部墙体裂缝

5.1.5 隔震装置与消能部件的基本要求

5.1.5 **隔震和消能减震房屋，其隔震装置和消能部件应符合下列规定：**

1 **隔震装置和消能器的性能参数应经试验确定。**

2 **隔震装置和消能部件的设置部位，应采取便于检查和替换的措施。**

3 **设计文件上应注明对隔震装置和消能器的性能要求，安装前应按规定进行抽样检测，确保性能符合要求。**

【编制说明】

本条明确了隔震装置、消能部件性能的基本要求。

隔震装置、消能部件性能参数的合适选择以及长期维护要求，是确保此类房屋建筑地震安全的关键，规范提出强制性要求，是必要的。本条改自《建筑抗震设计规范》（GB 50011—2010）第 12.1.5 条（强条）。

《建筑抗震设计规范》（GB 50011—2010）（2016 年版）：

> 12.1.5 隔震和消能减震设计时，隔震装置和消能部件应符合下列要求：
>
> 1 隔震装置和消能部件的性能参数应经试验确定。
>
> 2 隔震装置和消能部件的设置部位，应采取便于检查和替换的措施。
>
> 3 设计文件上应注明对隔震装置和消能部件的性能要求，安装前应按规定进行检测，确保性能符合要求。

【实施与检查】

1. 实施

隔震减震部件的性能参数是涉及隔震减震效果的重要设计参数，橡胶隔震支座的有效刚度与振动周期有关，动静刚度差别大，为保证隔震的有效性，需要采用相应于隔振体系基本周期的动刚度进行计算，产品应提供有关的性能参数。检验应严格把关，要求现场抽样检验 100%合格。特别要求检验隔震支座的平均压应力设计值是否满足规定。

隔震减震部件性能的保持和维护十分重要，除了产品自身性能保证外，在规定的结构设计使用年限内，对隔震减震部件还要有检查和替换制度的保证。这一点，在结构设计说明中应特别予以注明。

2. 检查

检查隔震减震部件，查看自身性能参数检验和设计说明中对维护、替换的要求。

5.1.6~5.1.10 隔震建筑的专门要求

> **5.1.6 建筑结构隔震层设计应符合下列规定：**
>
> **1 隔震设计应根据预期的竖向承载力、水平向减震和位移控制要求，选择适当的隔震装置、抗风装置以及必要的消能装置、限位装置组成结构的隔震层；**
>
> **2 隔震装置应进行竖向承载力的验算，隔震支座应进行罕遇地震下水平位移的验算；**
>
> **3 隔震建筑应具有足够的抗倾覆能力，高层建筑尚应进行罕遇地震下整体倾覆承载力验算。**
>
> **5.1.7 隔震层以上结构应符合下列规定：**
>
> **1 隔震层以上结构的总水平地震作用，不得低于 6 度设防非隔震结构的总水平地震作用；各楼层的水平地震剪力尚应符合本规范第 4.2.3 条规定；**

2　隔震层以上结构的抗震措施，应根据隔震后上部结构地震作用的降低幅度确定。

5.1.8　隔震层以下结构应能保证隔震层在罕遇地震下安全工作，并应符合下列规定：

1　直接支承隔震装置的支墩、支柱及相连构件，应采用隔震结构罕遇地震下的作用效应组合进行承载力验算；

2　隔震层以下、地面以上的结构，在罕遇地震下的层间位移角不应大于表5.1.8的限值要求。

表5.1.8　隔震层以下、地面以上结构在罕遇地震作用下层间位移角限值

下部结构类型	$[\theta_p]$
钢筋混凝土框架结构和钢结构	1/100
钢筋混凝土框架-抗震墙	1/200
钢筋混凝土抗震墙	1/250

5.1.9　隔震支座与上、下部结构之间的连接，应能传递罕遇地震下隔震支座的最大反力。

5.1.10　隔震建筑地基基础的抗震验算和地基处理仍应按本地区抗震设防烈度进行，甲、乙类建筑的抗液化措施应按提高一个液化等级确定，直至全部消除液化沉陷。

【编制说明】

规范第5.1.6条至第5.1.10条明确了隔震建筑抗震设计的特殊要求，包括上部结构、隔震层、下部结构以及隔震层与上下部结构的连接构造等基本要求。改自《建筑抗震设计规范》（GB 50011—2010）第12.2.1条（强条）、第12.2.5条、第12.2.8条、第12.2.9条（强条）。

《建筑抗震设计规范》（GB 50011—2010）（2016年版）：

12.2.1　隔震设计应根据预期的竖向承载力、水平向减震系数和位移控制要求，选择适当的隔震装置及抗风装置组成结构的隔震层。

隔震支座应进行竖向承载力的验算和罕遇地震下水平位移的验算。

隔震层以上结构的水平地震作用应根据水平向减震系数确定；其竖向地震作用标准值，8度（0.20g）、8度（0.30g）和9度时分别不应小于隔震层以上结构总重力荷载代表值的20%、30%和40%。

12.2.9　隔震层以下的结构和基础应符合下列要求：

1　隔震层支墩、支柱及相连构件，应采用隔震结构罕遇地震下隔震支座底部的竖向力、水平力和力矩进行承载力验算。

2 隔震层以下的结构（包括地下室和隔震塔楼下的底盘）中直接支承隔震层以上结构的相关构件，应满足嵌固的刚度比和隔震后设防地震的抗震承载力要求，并按罕遇地震进行抗剪承载力验算。隔震层以下地面以上的结构在罕遇地震下的层间位移角限值应满足表 12.2.9 要求。

3 隔震建筑地基基础的抗震验算和地基处理仍应按本地区抗震设防烈度进行，甲、乙类建筑的抗液化措施应按提高一个液化等级确定，直至全部消除液化沉陷。

表 12.2.9 隔震层以下地面以上结构罕遇地震作用下层间弹塑性位移角限值

下部结构类型	$[\theta_p]$
钢筋混凝土框架结构和钢结构	1/100
钢筋混凝土框架–抗震墙	1/200
钢筋混凝土抗震墙	1/250

有关隔震建筑的强制性要求，与《建筑抗震设计规范》（GB 50011—2010）（2016 年版）相比，《建筑与市政工程抗震通用规范》（GB 55002—2021）存在以下主要变化：

(1) 调整了对隔震层以上结构竖向地震作用的强制性要求；

(2) 调整了对隔震层以下结构的嵌固刚度比要求；

(3) 调整了隔震建筑的近断层地震动参数放大要求。

如表 5.1.6－1 所示，为 GB 55002 与 GB 50011 隔震技术要求的对照分析表。

表 5.1.6－1 GB 55002 与 GB 50011 隔震技术要求的对照分析表

项目	GB 55002	GB 50011
隔震层设置	隔震设计应根据预期的竖向承载力、水平向减震和位移控制要求，选择适当的隔震装置、抗风装置以及必要的消能装置、限位装置组成结构的隔震层	隔震设计应根据预期的竖向承载力、水平向减震系数和位移控制要求，选择适当的隔震装置及抗风装置组成结构的隔震层
	【简评】 (1) 将 GB 50011 的“水平向减震系数”要求，改为“水平向减震”要求； (2) 增加了“必要的消能装置、限位装置”的设置要求	
隔震支座的验算要求	隔震装置应进行竖向承载力的验算，隔震支座应进行罕遇地震下水平位移的验算	隔震支座应进行竖向承载力的验算和罕遇地震下水平位移的验算
	【简评】将竖向承载力验算对象，由 GB 50011 的“隔震支座”修改“隔震装置”	

续表

<table>
<tr><th>项目</th><th>GB 55002</th><th>GB 50011</th></tr>
<tr><td rowspan="2">上部结构的地震作用</td><td>隔震层以上结构的总水平地震作用，不得低于6度设防非隔震结构的总水平地震作用；各楼层的水平地震剪力尚应符合本规范第4.2.3条规定</td><td>隔震层以上结构的水平地震作用应根据水平向减震系数确定；其竖向地震作用标准值，8度（0.20g）、8度（0.30g）和9度时分别不应小于隔震层以上结构总重力荷载代表值的20%、30%和40%</td></tr>
<tr><td colspan="2">【简评】GB 55002的主要变化：
（1）取消按水平向减震系数确定地震作用的强制性要求；
（2）将GB 50011的上部结构的地震作用下限要求提升为强制性要求；
（3）取消竖向地震作用下限的强制性要求。
需要注意，隔震建筑仍然需要计算竖向地震作用效应，尤其是在竖向和水平地震作用下的整体稳定性验算。GB 55002补充规定了“隔震建筑应具有足够的抗倾覆能力，高层建筑尚应进行罕遇地震下整体倾覆承载力验算”的强制性要求</td></tr>
<tr><td rowspan="2">隔震支墩</td><td>直接支承隔震装置的支墩、支柱及相连构件，应采用隔震结构罕遇地震下的作用效应组合进行承载力验算</td><td>隔震层支墩、支柱及相连构件，应采用隔震结构罕遇地震下隔震支座底部的竖向力、水平力和力矩进行承载力验算</td></tr>
<tr><td colspan="2">【简评】GB 55002的主要变化，将“隔震支座底部的竖向力、水平力和力矩”改为“作用效应组合”，改变的效果是设计思路的变化，将GB 50011的“根据隔震支座的罕遇地震响应来设计支墩”改为“根据支墩等构件自身响应来设计”</td></tr>
<tr><td rowspan="2">隔震层以下结构</td><td>隔震层以下、地面以上的结构，在罕遇地震下的层间位移角不应大于表5.1.8的限值要求</td><td>隔震层以下的结构（包括地下室和隔震塔楼下的底盘）中直接支承隔震层以上结构的相关构件，应满足嵌固的刚度比和隔震后设防地震的抗震承载力要求，并按罕遇地震进行抗剪承载力验算。隔震层以下地面以上的结构在罕遇地震下的层间位移角限值应满足表12.2.9要求</td></tr>
<tr><td colspan="2">【简评】GB 55002的主要变化：
（1）取消了“应满足嵌固的刚度比”的要求；
（2）取消了中震弹性和大震剪压比弹性的强度相关要求</td></tr>
</table>

【实施与检查】

1. 实施

隔震后整个体系的自振周期不能过长；应确保隔震后上部结构的水平地震剪力不小于关于最小地震剪力的强制性要求。

需要注意的是，橡胶隔震支座一般不隔离竖向地震作用。

隔震层应在罕遇地震下保持稳定，计算平均压应力设计值时，应取相应分项系数：

(1) 一般情况，压应力设计值需取永久荷载分项系数 1.3、活荷载分项系数 1.5 的组合值；

(2) 需要验算倾覆时，应取水平地震作用为主的基本组合，即重力荷载分项系数取 1.3，水平地震作用的分项系数为 1.4，竖向地震作用分项系数为 0.5；

(3) 需要验算竖向地震作用时，应取竖向地震作用为主的基本组合，即重力荷载分项系数取 1.3，水平地震作用的分项系数为 0.5，竖向地震作用的分项系数取 1.4。

隔震支座的位移控制，不仅要考虑平均位移，而且要考虑偶然偏心引起的扭转位移，罕遇地震下还要考虑重力二阶效应产生的附加位移。该位移值不得超过隔震元件的最大允许位移。

隔震层以下的结构（基础或地下室）在罕遇地震作用下的验算，需取隔震后下部构件的罕遇地震内力进行效应组合和验算。下部构件的罕遇地震内力，当上、下部结构整体协同分析时，可采用计算分析所得的构件内力值；当上、下部结构采用分部设计方法时，应将罕遇地震下隔震支座底部的竖向力、水平力和力矩作为外荷载施加于下部结构，进而确定下部构件的罕遇地震内力值。

隔震层与上、下部结构的连接除应满足第 5.1.9 条的强制性要求外，还应注意：①隔震层的顶板应具有足够的刚度，一般采用现浇混凝土梁板式楼盖，板厚不应小于 160mm；②隔震支座附近的梁、柱应考虑冲切和局部承压效应，加密箍筋并根据需要配置网状钢筋。

隔震建筑的地基基础的抗震验算和地基处理仍应按本地区抗震设防烈度进行。不得考虑上部结构隔震后的地震作用折减效应，对地基基础的抗震验算和地基处理的烈度取值进行折减。甲、乙类隔震建筑的抗液化措施，应在《岩土勘察报告》给出的地基液化等级的基础上提高一个液化等级，并按《建筑抗震设计规范》(GB 50011) 第 4.3.6 条的规定确定，直至全部消除液化沉陷。

2. 检查

检查隔震设计控制，查看隔震层位移和稳定性。

检查隔震下部控制，查看基础、地下室在罕遇地震下的承载力及抗液化措施。

5.1.11 消能建筑的专门要求

> 5.1.11 **建筑消能减震设计尚应符合下列规定：**
>
> 1 **消能减震结构的总水平地震作用，不得低于 6 度设防的非消能结构的总水平地震作用；各楼层的水平地震剪力尚应符合本规范第 4.2.3 条规定。**
>
> 2 **主体结构构件的截面抗震验算，应符合本规范第 4.3.1 条规定。其中，与消能部件相连的梁、柱等结构构件尚应采用罕遇地震下的标准效应组合进行极限承载力验算。**
>
> 3 **消能减震结构应进行多遇地震和罕遇地震下的层间变形验算。**
>
> 4 **消能减震结构，其抗震措施应根据减震后地震作用的降低幅度确定。**

【编制说明】

本条明确了消能减震结构抗震设计的特殊要求，包括地震作用与抗震验算、变形验算、构造措施等基本要求。改自《建筑抗震设计规范》（GB 50011—2010）第12.3节。

【实施注意事项】

1. 关于地震作用和抗震验算

（1）消能减震结构的总水平地震作用，不得低于6度设防非消能结构的总水平地震作用。

（2）各楼层的水平地震剪力尚应符合本规范第4.2.3条对本地区设防烈度的最小地震剪力系数规定。

（3）主体结构构件的截面抗震验算，应符合本规范第4.3.1条规定。其中，与消能部件相连的梁、柱等结构构件，除应采用罕遇地震下的标准效应组合进行极限承载力验算外，尚需注意考虑消能器最大出力情况下的极限承载力验算，以保证消能器在极限条件下的工作性能，同时，避免因消能器的选型过于保守而造成主体结构构件的安全隐患。

2. 关于消能减震结构的抗震变形验算

（1）多遇地震下消能减震结构的层间变形验算应符合本规范第4.3.3条规定。其中，主体结构构件可采用截面弹性刚度，消能器应考虑其可能的非线性性能。

（2）罕遇地震下消能减震结构的层间变形验算时，主体结构构件应考虑弹塑性性能，消能器应考虑其非线性性能。

3. 关于抗震措施

（1）一般地，消能减震房屋建筑的抗震措施，应根据减震后地震作用的降低幅度，按本规范相关章节的规定确定。

（2）对于具体的结构构件，当其抗震承载能力与多遇地震下的组合内力设计值的比值不小于2.0时，其抗震构造措施可按降低1度采用。

5.1.12　非结构抗震的总体要求

> 5.1.12　**建筑的非结构构件及附属机电设备，其自身及与结构主体的连接，应进行抗震设防。**

【编制说明】

本条明确建筑构件和附属机电设备的抗震设防要求和范围。建筑非结构构件指建筑中除承重骨架体系以外的固定构件和部件，主要包括非承重墙体，附着于楼面和屋面结构的构件、装饰构件和部件、固定于楼面的大型储物架等。非结构构件在抗震设计时往往容易被忽略，但从震害调查来看，非结构构件处理不好往往在地震时倒塌伤人，砸坏设备财产，破坏主体结构，特别是现代建筑，装修造价占总投资的比例很大。因此，非结构构件的抗震问题应该引起重视。需要说明的是，非结构构件的抗震设计应由相关专业人员负责进行。

建筑附属机电设备指为现代建筑使用功能服务的附属机械、电气构件、部件和系统，主要包括电梯、照明和应急电源、广播电视设备、通信设备、管道系统、采暖和空气调节系统、烟火监测和消防系统等。建筑附属机电设备，不属于主体结构，抗震设计时往往容易被忽略，但附属机电设备直接影响着建筑的使用功能，同时，破坏时也容易导致次生灾害。

需要说明的是，非结构构件和附属机电设备的抗震设计应由相关专业人员负责进行。本条改自《建筑抗震设计规范》（GB 50011—2010）第3.7.1条（强条）、第13.4.2条，《建筑机电工程抗震设计规范》（GB 50981—2014）第3.1.6条、第5.1.3条、第5.1.1条、第7.1.2条等。

【实施与检查】

1. 实施

（1）非结构构件的抗震设计应由相关专业的设计人员完成，而不是一概由结构专业完成。对于设备和管线，抗震设计内容主要指锚固和连接。对砌体填充墙，主要指其本身的构造及与主体结构的拉结和连接。

（2）对非结构构件的抗震对策，可根据不同情况区别对待：

①做好细部构造，让非结构构件成为抗震结构的一部分，在计算分析时，充分考虑非结构构件的质量、刚度、强度和变形能力。

②与上述相反，在构造做法上防止非结构构件参与工作，抗震计算时只考虑其质量，不考虑其强度和刚度。

③防止非结构构件在地震作用下出平面倒塌。

④对装饰要求高的建筑选用适合的抗震结构型式，主体结构要具有足够的刚度，以减小主体结构的变形量，使之符合规范要求，避免装饰破坏。

⑤加强建筑附属机电设备支架与主体结构的连接与锚固，尽量避免发生次生灾害。

2. 检查

检查非结构构件，查看隔墙等的连接构造。

5.1.13 建筑构件安装部位的结构加强要求

5.1.13 **建筑主体结构中，幕墙、围护墙、隔墙、女儿墙、雨篷、商标、广告牌、顶篷支架、大型储物架等建筑非结构构件的安装部位，应采取加强措施，以承受由非结构构件传递的地震作用。**

【编制说明】

本条明确结构设计时，非结构安装部位的加强要求。主体结构中非结构构件的安装部位，一般会伴随着应力集中现象，同时，也是非结构构件地震作用向主体结构传递的关键节点，需要采取加强措施。本条改自《建筑抗震设计规范》（GB 50011—2010）第13.3.1条。

5.1.14 非承重墙体的抗震构造

5.1.14 围护墙、隔墙、女儿墙等非承重墙体的设计与构造应符合下列规定：

1 采用砌体墙时，应设置拉结筋、水平系梁、圈梁、构造柱等与主体结构可靠拉结。

2 墙体及其与主体结构的连接应具有足够变形能力，以适应主体结构不同方向的层间变形需求。

3 人流出入口和通道处的砌体女儿墙应与主体结构锚固，防震缝处女儿墙的自由端应予以加强。

【编制说明】

明确非承重墙体的基本构造要求。汶川、玉树等近期大地震中，大量出现填充墙、围护墙、女儿墙等非承重墙体破坏的现象，造成了相当大的人员伤亡和财产损失。因此，对于非承重墙体的抗震问题应该给予足够的重视。本条对非承重墙体与主体结构的拉结、墙体本身及其与主体结构连接的变形能力等提出原则性要求，是非常必要的。本条改自《建筑抗震设计规范》（GB 50011—2010）第 13.3.2 条。

5.1.15 建筑装饰构件的抗震构造

5.1.15 建筑装饰构件的设计与构造应符合下列规定：

1 各类顶棚的构件及与楼板的连接件，应能承受顶棚、悬挂重物和有关机电设施的自重和地震附加作用；其锚固的承载力应大于连接件的承载力。

2 悬挑构件或一端由柱支承的构件，应与主体结构可靠连接。

3 玻璃幕墙、预制墙板、附属于楼屋面的悬臂构件和大型储物架的抗震构造应符合抗震设防类别和烈度的要求。

【编制说明】

明确建筑装饰构件的基本构造要求。汶川、玉树等近期地震中，建筑顶棚等建筑装饰构件出现大量破坏，严重影响建筑使用功能，甚至造成人员伤亡。本条对建筑装饰构件的基本构造要求提出原则性要求，是非常必要的。本条改自《建筑抗震设计规范》（GB 50011—2010）第 13.3.7 条、第 13.3.8 条、第 13.3.9 条。

5.1.16 机电设备布局的基本要求

5.1.16 建筑附属机电设备不应设置在可能致使其功能障碍等二次灾害的部位；设防地震下需要连续工作的附属设备，应设置在建筑结构地震反应较小的部位。

【编制说明】

本条明确机电设备布局的基本要求。附属设备，特别是应急系统的备用电源、存储有害物质的容器等，不应设置在容易导致使用功能发生障碍等二次灾害的部位，包括房门、人流出入口和通道附近。设防地震下需要连续工作的附属设备，包括烟火检测和消防系统，其支架应能保证在设防地震下的正常工作，应设置在结构地震反应较小的部位。本条改自《建筑抗震设计规范》(GB 50011—2010) 第 13. 4. 3 条。

5. 1. 17 设备洞口及连接的基本要求

> 5. 1. 17 **管道、电缆、通风管和设备的洞口设置，应减少对主要承重结构构件的削弱；洞口边缘应有补强措施。管道和设备与建筑结构的连接，应具有足够的变形能力，以满足相对位移的需要。**

【编制说明】

本条明确了管道设备洞口及设备安装连接的基本构造要求。当管道、电缆、通风管和设备的洞口设置不合理时，将削弱主要承重构件的抗震能力，必须予以防止。地震时，各种管道自身的损坏并不多见，主要是管道支架之间或支架与设备之间的相对位移造成的连接损坏。因此，合理设计各种支架、支座及其连接，除了增设斜杆以提高支架刚度、整体性和承载力外，采取增加连接变形能力的措施是必要的。本条改自《建筑抗震设计规范》(GB 50011—2010) 第 13. 4. 4 条。

5. 1. 18 设备支架及连接的基本要求

> 5. 1. 18 **建筑附属机电设备的基座或支架，以及相关连接件和锚固件应具有足够的刚度和强度，应能将设备承受的地震作用全部传递到建筑结构上。**
>
> **建筑结构中，用以固定建筑附属机电设备预埋件、锚固件的部位，应采取加强措施，以承受附属机电设备传给主体结构的地震作用。**

【编制说明】

本条明确设备支架及其与主体结构连接的基本构造要求。附属机电设备地震破坏的一个主要原因是基座或支架与主体结构连接不牢或固定不足造成设备移位或滑落，因此，对附属机电设备的基座或支架以及相关连接件和锚固件的抗震性能提出原则性要求是必要的。同时，结构体系中，用以固定建筑附属机电设备预埋件、锚固件的部位，也应采取加强措施，以承受附属机电设备传给主体结构的地震作用。本条改自《建筑抗震设计规范》(GB 50011—2010) 第 13. 4. 5 条。

按现行《建筑抗震设计规范》(GB 50011—2010) 第 13. 4. 2 条规定，对于符合下列情况之一的小型设备或小直径管道，其支架可不考虑抗震设防要求：

(1) 重量低于 1. 8kN 设备。

（2）内径小于25mm的燃气管道。

（3）内径小于60mm的电气配管和重量小于150N/m的电缆梯架、电缆槽盒、母线槽。

（4）矩形截面面积小于0.38 m^2 和圆形截面直径小于0.70m的风管。

（5）吊杆计算长度不超过300mm的吊杆悬挂管道。

5.2　混凝土结构房屋

5.2.1　抗震等级

5.2.1　钢筋混凝土结构房屋应根据设防类别、设防烈度、结构类型和房屋高度采用不同的抗震等级，并应符合相应的内力调整和抗震构造要求。抗震等级应符合下列规定：

1　丙类建筑的抗震等级应按表5.2.1确定。

表5.2.1　丙类混凝土结构房屋的抗震等级

<table>
<tr><th colspan="3" rowspan="2">结构类型</th><th colspan="10">设　防　烈　度</th></tr>
<tr><th colspan="2">6</th><th colspan="3">7</th><th colspan="3">8</th><th colspan="2">9</th></tr>
<tr><td rowspan="3">框架</td><td colspan="2">高度（m）</td><td>≤24</td><td>25~60</td><td colspan="2">≤24</td><td>25~50</td><td colspan="2">≤24</td><td>25~40</td><td colspan="2">≤24</td></tr>
<tr><td colspan="2">框架</td><td>四</td><td>三</td><td colspan="2">三</td><td>二</td><td colspan="2">二</td><td>一</td><td colspan="2">一</td></tr>
<tr><td colspan="2">跨度不小于18m的框架</td><td colspan="2">三</td><td colspan="3">二</td><td colspan="3">一</td><td colspan="2">一</td></tr>
<tr><td rowspan="3">框架-抗震墙</td><td colspan="2">高度（m）</td><td>≤60</td><td>61~130</td><td>≤24</td><td>25~60</td><td>61~120</td><td>≤24</td><td>25~60</td><td>61~100</td><td>≤24</td><td>25~50</td></tr>
<tr><td colspan="2">框架</td><td>四</td><td>三</td><td>四</td><td>三</td><td>二</td><td>三</td><td>二</td><td>一</td><td>二</td><td>一</td></tr>
<tr><td colspan="2">抗震墙</td><td colspan="2">三</td><td>三</td><td colspan="2">二</td><td>二</td><td colspan="2">一</td><td colspan="2">一</td></tr>
<tr><td rowspan="2">抗震墙</td><td colspan="2">高度（m）</td><td>≤80</td><td>81~140</td><td>≤24</td><td>25~80</td><td>81~120</td><td><24</td><td>25~80</td><td>81~100</td><td>≤24</td><td>25~60</td></tr>
<tr><td colspan="2">抗震墙</td><td>四</td><td>三</td><td>四</td><td>三</td><td>二</td><td>三</td><td>二</td><td>一</td><td>二</td><td>一</td></tr>
<tr><td rowspan="4">部分框支抗震墙</td><td colspan="2">高度（m）</td><td>≤80</td><td>81~120</td><td>≤24</td><td>25~80</td><td>81~100</td><td>≤24</td><td>25~80</td><td></td><td colspan="2"></td></tr>
<tr><td rowspan="2">抗震墙</td><td>一般部位</td><td>四</td><td>三</td><td>四</td><td>三</td><td>二</td><td>三</td><td>二</td><td></td><td colspan="2"></td></tr>
<tr><td>加强部位</td><td>三</td><td>二</td><td>三</td><td>二</td><td>一</td><td>二</td><td>一</td><td></td><td colspan="2"></td></tr>
<tr><td colspan="2">框支层框架</td><td colspan="2">二</td><td colspan="2">二</td><td>一</td><td colspan="2">一</td><td></td><td colspan="2"></td></tr>
</table>

续表

结构类型		设防烈度						
		6		7		8		9
框架-核心筒	高度（m）	≤150		≤130		≤100		≤70
	框架	三		二		一		一
	核心筒	二		二		一		一
筒中筒	高度（m）	≤180		≤150		≤120		≤80
	外筒	三		二		一		一
	内筒	三		二		一		一
板柱-抗震墙	高度（m）	≤35	36~80	≤35	36~70	≤35	36~55	
	框架、板柱的柱	三	二	二	二	一		
	抗震墙	二	二	二	一	二	一	

2　甲、乙类建筑的抗震措施应符合本规范第 2.3.2 条的规定；当房屋高度超过本规范表 5.2.1 相应规定的上限时，应采取更有效的抗震措施。

3　当房屋高度接近或等于表 5.2.1 的高度分界时，应结合房屋不规则程度及场地、地基条件确定合适的抗震等级。

【编制说明】

本条明确混凝土房屋抗震等级的基本规定。钢筋混凝土房屋的抗震等级是重要的设计参数，抗震等级不同，不仅计算时相应的内力调整系数不同，对配筋、配箍、轴压比、剪压比的构造要求也有所不同，体现了不同延性要求和区别对待的设计原则。本条综合考虑设防烈度、设防类别、结构类型和房屋高度四个因素给出抗震等级的基本规定是必要的。本条改自《建筑抗震设计规范》（GB 50011—2010）第 6.1.2 条（强条）、第 6.1.3 条等。

1. 关于高度分界数值的把握

根据《工程建设标准编写规定》（住房和城乡建设部，建标［2008］182 号）的规定，“标准中标明量的数值，应反映出所需的精确度”，因此，规范（规程）中关于房屋高度界限的数值规定，均应按有效数字控制，规范中给定的高度数值均为某一有效区间的代表值，比如，24m 代表的有效区间为［23.5~24.4］m。实际工程操作时，房屋总高度按有效数字取整数控制，小数位四舍五入。因此对于框架-抗震墙结构，抗震墙结构等类型的房屋，高度在 24m 和 25m 之间时应采用四舍五入方法来确定其抗震等级。例如，高度为 24.4m 取整时为 24m，高度为 24.8m，取整时为 25m。

2. 关于“接近”的把握

本条第 3 款规定，“当房屋高度接近或等于高度分界时，应结合房屋不规则程度及场地、地基条件确定抗震等级”。作此规定的原因是房屋高度的分界是人为划定的一个界限，是一个便于工程管理与操作的相对界限，并不是绝对的。从工程安全角度来说，对于场地、地基条件较好的均匀、规则房屋，尽管其总高度稍微超出界限值，但其结构安全性仍然是有保证的；相反地，对于场地、地基条件较差且不规则的房屋，尽管总高度低于界限值，但仍可能存在安全隐患。这一规定的宗旨是，对于不规则的、且场地地基条件较差的房屋，尽管其高度稍低于（接近）高度分界，抗震设计时应从严把握，按高度提高一档确定抗震等级；对于均匀、规则、且场地地基条较较好的房屋，尽管其高度稍高于（接近）高度分界，但抗震设计时亦允许适当放松要求，可按高度降低一档确定抗震等级。实际工程操作时，“接近”一词的含义可按以下原则进行把握：如果在现有楼层的基础再加上（或减去）一个标准层，则房屋的总高度就会超出（或低于）高度分界，那么现有房屋的总高度就可判定为“接近于”高度分界。

【实施与检查】

1. 实施

结构设计总说明和计算书中，混凝土结构的抗震等级应明确无误。

处于Ⅰ类场地的情况，要注意区分内力调整的抗震等级和构造措施的抗震等级。

主楼与裙房不论是否分缝，主楼在裙房顶板对应的相邻上下楼层（共2个楼层）的构造措施应适当加强，但不要求各项措施均提高一个抗震等级。

甲、乙类建筑提高一度查表确定抗震等级时，当房屋高度大于表中规定的高度时，应采取比一级更有效的抗震构造措施。

2. 检查

检查混凝土结构抗震等级，查看设计总说明和计算书的抗震等级。

5.2.2　延性构造的基本要求

5.2.2　**框架梁和框架柱的潜在塑性铰区应采取箍筋加密措施；抗震墙结构、部分框支抗震墙结构、框架-抗震墙结构等结构的墙肢、连梁、框架梁、框架柱以及框支框架等构件的潜在塑性铰区和局部应力集中部位应采取延性加强措施。**

【编制说明】

本条明确了混凝土结构中各类构件的基本构造要求。构造措施是抗震设计的重要内容和不可或缺的组成部分，也是工程结构抗震能力的重要保障。

理论上，结构构件需要加强延性构造的部位，应为地震作用下可能会发生屈服破坏形成塑性铰的部位（即潜在塑性铰区），或者是局部应力集中容易发生破坏的部位。

对于钢筋混凝土框架结构，其潜在塑性铰区主要位于梁、柱的端部，即通常所说的箍筋加密区。梁柱箍筋加密区的长度以及箍筋的构造等，可按《建筑抗震设计规范》（GB 50011—2010）的相关要求执行。

对于抗震墙的墙肢，其潜在的塑性铰区主要位于墙肢的底部一定范围，即GB 50011—2010所规定的底部加强部位。需要注意的是，底部加强部位中的“加强”主要包括两个方面的意思，其一是加强其抗剪承载能力与构造，以达到“强剪弱弯”的目的，使墙肢底部在地震作用下主要发生延性的弯曲破坏，而不是脆性的剪切破坏，为此，GB 50011—2010要求，当底层墙肢的底截面（即墙肢嵌固截面）的轴压比超过一定限值时，应在底部加强部位及相邻上一层设置约束边缘构件；其二是适当提高非加强部位（即底部加强部位以上部位）的抗弯和抗剪承载能力，希望墙肢底部塑性铰可以在整个底部加强区充分发展，以延长墙肢的倒塌破坏进程。

抗震墙的连梁，作为墙肢之间的水平联系杆件，本身的刚度较小、承重负担也较小，由于墙肢的约束效应，其地震内力相对较大，地震时相对容易破坏，因此，用作抗震墙的第一道防线是合适的，其抗震构造的要点在于加强受剪承载能力，保证强剪弱弯的破坏模式，具体措施可加强配箍、设置斜向暗撑、设置水平缝等。

对于框支框架，除了与框架结构类似的潜在塑性铰区需要加强延性构造外，重点在于局部应力集中部位的构造。

本条主要对钢筋混凝土构件的延性加强措施提出了原则性要求，至于详细的配筋构造（最小配箍率、最小直径、最大间距和肢矩、轴压比等），由《混凝土结构通用规范》详细规定。

【实施与控制】

（1）框架结构中，构件的抗震承载能力应符合下列要求：

梁柱节点处，除框架顶层和柱轴压比小于 0.15 者外，应能保证梁端先于柱端进入受弯屈服状态。

框架柱、框架梁的抗震设计应能保证其正截面受弯破坏先于斜截面受剪破坏，端截面的组合剪力设计值应根据能力设计原则和内力平衡条件确定。

对于框架结构的角柱，弯矩和剪力设计值在本条第 1、2 款调整的基础上，尚应乘以不小于 1.1 的增大系数。

（2）抗震墙结构中，墙肢和连梁的组合内力设计值应按下列要求进行调整：

墙肢的设计应能保证其底部加强部位先于其他部位进入正截面受压破坏状态，底部加强部位以上的墙肢组合弯矩设计值和组合剪力设计值应乘以不小于 1.1 的增大系数。

墙肢的底部加强部位应从地下室顶板算起，向上延伸高度不小于总高度的 1/10，且不得少于 2 层，当建筑总高度不超过 24m 时，允许仅取底部 1 层；向下延伸到计算嵌固端。

连梁和墙肢的抗震设计应能保证其正截面破坏先于斜截面受剪破坏。连梁的端部组合和墙肢底部加强部位的组合剪力设计值应根据能力设计原则和内力平衡条件确定。

（3）部分框支抗震墙结构的框支柱应具有足够的承载能力裕度，在落地抗震墙刚度退化后，整体结构仍应具有承受竖向荷载和抗御地震作用的能力，各项内力应按下列要求调整：

①地震剪力，当框支柱不少于 10 根时，总和不应小于结构底部总地震剪力的 20%；当框支柱少于 10 根时，单根柱的地震剪力不应小于结构底部总地震剪力的 2%；

②地震弯矩，应根据本款第 1）项要求相应调整；

③地震轴力，一、二级时应分别乘以不小于 1.5、1.2 的增大系数；

④框支柱端部（框支层柱上端和底层柱下端）组合弯矩设计值，一、二级分别乘以不小于 1.5、1.25 的增大系数；中间节点，应满足本规范第 5.2.4 条第 1 款的要求。

5.2.3　双重体系的专门要求

> 5.2.3　**框架-核心筒结构、筒中筒结构等筒体结构，外框架应有足够刚度，确保结构具有明显的双重抗侧力体系特征。**

【编制说明】

本条明确了框架-核心筒结构中外框部分的刚度要求。本质上，框架-核心筒结构属于双重抗侧力体系，核心筒是结构的第一道抗震防线，外框架是结构的第二道防线。为了保证结构第二道防线可以真正发挥作用，外框架部分必须具有适当的刚度，使结构在核心筒屈服、刚度退化后仍然具有合适的承载能力和抵抗变形的能力。因此，对外框架部分的刚度提出原则性要求，是保障此类混凝土房屋抗震能力的重要手段，是必要的。

【实施注意事项】

《通用规范》在本条对筒体结构外框部分的刚度提出原则性要求，目的是防止外框部分的刚度太小、致使结构体系变为事实上的单一防线体系。在实际工程实践时，尚须注意以下几点：

（1）筒体结构的外框部分，与框架-抗震墙结构的框架部分本质上是相同的，均属于二道防线，其刚度要合适，不能太小，也不宜过大。外框部分的刚度上限，理论上，可取为规定水平力下外框部分承担50%倾覆力矩时对应的刚度值，记作K_{f50M}。然而，实际工程中还应考虑到框架部分刚度与强度匹配关系，兼顾规范$0.2Q_0$调整策略的有效性，外框部分按刚度分配的地震剪力不宜大于$0.2Q_0$，此时框架部分的刚度记作K_{f20Q}。因此，实际工程中框架部分的刚度不宜超过K_{f20Q}。

（2）框架-核心筒结构的外框架应有足够刚度，确保结构具有明显的双重抗侧力体系特征。当加强层及其相邻上下层以外的框架部分计算剪力最大值小于底部总地震剪力的10%时，应采取措施提高外框架部分的抗剪承载能力，使其不小于结构底部总地震剪力的15%，同时，尚应加强核心筒墙体的抗剪承载能力和延性构造措施。

（3）框架-抗震墙结构、框架-核心筒结构中，框架部分应具有足够的承载能力裕度，抗震墙或核心筒遭受地震破坏、刚度退化后，整体结构仍应具有承受竖向荷载和抗御地震作用的能力，任一楼层框架部分的抗剪承载能力不应小于结构底部总地震剪力的20%和框架部分各楼层计算剪力最大值1.5倍的较小值。

5.2.4　板柱-抗震墙结构的专门要求

> 5.2.4　**板柱-抗震墙结构抗震应符合下列规定：**
>
> 1　**板柱-抗震墙结构的抗震墙应具备承担结构全部地震作用的能力；其余抗侧力构件的抗剪承载能力设计值不应低于本层地震剪力设计值的20%。**
>
> 2　**板柱节点处，沿两个主轴方向在柱截面范围内应设置足够的板底连续钢筋，包含可能的预应力筋，防止节点失效后楼板跌落导致的连续性倒塌。**

【编制说明】

本条对板柱-抗震墙结构的多道防线控制原则、抗连续倒塌设计等提出原则性要求或下限控制标准，是保障此类混凝土房屋抗震能力的重要手段，是必要的。

【实施注意事项】

板柱-抗震墙结构的抗震设计除应符合本条的规定外，尚应符合下列要求：

(1) 抗震墙的最小厚度、分布钢筋的最小配筋率应符合的有关规定。

(2) 房屋的周边应采用有梁框架。

(3) 抗震墙应具备承担结构全部地震作用的能力，各层板柱和框架部分至少应能承担本层地震剪力的 20%。

(4) 板柱节点，沿两个主轴方向通过柱截面的连续预应力筋及板底非预应力钢筋应符合下式规定：

$$f_{py}A_p + f_yA_s \geqslant N_G$$

式中 A_s——板底通过柱截面连续非预应力钢筋总截面面积 (mm^2)；

A_p——板中通过柱截面连续预应力筋总截面面积 (mm^2)；

f_y——非预应力钢筋的抗拉强度设计值 (N/mm^2)；

f_{py}——预应力筋的抗拉强度设计值 (N/mm^2)，对无黏结预应力混凝土平板，应取用无黏结预应力筋的应力设计值 σ_{pu}；

N_G——本层楼板重力荷载代表值作用下的柱轴压力设计值，8、9 度时，尚应计入竖向地震作用效应。

5.2.5 钢筋代换的专门要求

> 5.2.5 **对钢筋混凝土结构，当施工中需要以不同规格或型号的钢筋替代原设计中的纵向受力钢筋时，应按照钢筋受拉承载力设计值相等的原则换算，并应符合规范规定的抗震构造要求。**

【编制说明】

明确混凝土结构施工中钢筋代换的原则要求。混凝土结构施工中，往往因缺乏设计规定的钢筋型号（规格）而采用另外型号（规格）的钢筋代替，此时应注意替代后的纵向钢筋的总承载力设计值不应高于原设计的纵向钢筋总承载力设计值，以免造成薄弱部位的转移，以及构件在有影响的部位发生混凝土的脆性破坏（混凝土压碎、剪切破坏等）。除按照上述等承载力原则换算外，还应满足最小配筋率和钢筋间距等构造要求，并应注意由于钢筋的强度和直径改变会影响正常使用阶段的挠度和裂缝宽度。施工工艺和施工质量是确保工程抗震质量的关键环节，对显著影响工程抗震质量的关键工序作出强制性规定是必要的。本条文改自《建筑抗震设计规范》(GB 50011—2010) 第 3.9.4（强条）条。

【实施与检查】

1. 实施

等强换算，全部受力钢筋的总截面面积乘以钢筋抗拉强度设计值的乘积相等。

等强代换后，仍需满足最小配筋率、最大纵筋间距要求，必要时需进行构件挠度和抗裂度验算。

等强代换后的钢筋尚应满足相关的材料性能指标要求应有完整的设计变更通知书，并提供相应的计算数据。

2. 检查

检查钢筋代换，查看施工纪录、设计变更通知和相应的计算书、替代钢筋的材性检测报告等。

5.3　钢结构房屋

5.3.1　抗震等级

5.3.1　**钢结构房屋应根据设防类别、设防烈度和房屋高度采用不同的抗震等级，并应符合相应的内力调整和抗震构造要求。抗震等级确定应符合下列规定：**

1　**丙类建筑的抗震等级应按表 5.3.1 确定。**

表 5.3.1　丙类钢结构房屋的抗震等级

房屋高度	烈度			
	6	7	8	9
≤50m		四	三	二
>50m	四	三	二	一

2　**甲、乙类建筑的抗震措施应符合本规范第 2.3.2 条的规定。**

3　**当房屋高度接近或等于表 5.3.1 的高度分界时，应结合房屋不规则程度及场地、地基条件确定抗震等级。**

【编制说明】

本条是钢结构抗震等级的基本规定。抗震等级是我国钢结构房屋抗震设计的重要参数。本条综合考虑设防烈度、设防类别和房屋高度三个因素给出抗震等级的基本规定是必要的。本条改自《建筑抗震设计规范》（GB 50011—2010）第 8.1.3 条（强条）等。

【实施与检查】

1. 实施

抗震设防烈度不同，房屋高度不同，应采用不同的抗震等级。

钢结构的各项构造，不仅与抗震设防烈度有关，还应注意以 50m 为界有所不同。

除上述要求外，当结构构件抗震承载能力与多遇地震的组合内力设计值的比值不小于 2.0 时，其抗震等级允许按降低一度采用，但不得低于四级。

在高层钢结构中，加强层和相邻上、下层的竖向构件及其连接部位，尚应按规定采取比上述抗震等级更严的抗震构造措施。

2. 检查

检查钢结构选型，查看设防类别、设防烈度和房屋高度不同时的区别对待。

5.3.2 钢结构的专门要求

> 5.3.2 **框架结构以及框架-中心支撑结构和框架-偏心支撑结构中的无支撑框架，框架梁潜在塑性铰区的上下翼缘应设置侧向支承或采取其他有效措施，防止平面外失稳破坏。当房屋高度不高于 100m 且无支撑框架部分的计算剪力不大于结构底部总地震剪力的 25%时，其抗震构造措施允许降低一级，但不得低于四级。框架-偏心支撑结构的消能梁段的钢材屈服强度不应大于 355MPa。**

【编制说明】

本条明确了框架梁潜在塑性铰区的侧向稳定性要求，无支撑框架抗震等级的调整策略、以及消能梁段的材料强度要求等，这些措施是保障钢结构房屋抗震能力的重要手段，是必要的。

【实施注意事项】

由于各通用规范之间的分工与协调的需要，本规范仅纳入了少数强制性要求，实际工程实施时尚须注意把握以下要求：

（1）对于钢框架结构，需注意：

①一般情况下，梁柱节点的抗震设计应能保证梁端先于柱端进入受弯屈服状态，节点处柱端截面全塑性抗弯承载力不应小于梁端塑性抗弯承载力；

②梁端受弯破坏先于节点域的剪切破坏；

③框架柱的长细比、框架梁和柱的板件宽厚比、连接构造应符合国家标准《建筑抗震设计规范》（GB 50011—2010）的有关抗震构造要求。

（2）对于钢框架-中心支撑结构，需注意：

①不含支撑的框架部分应具有足够的强度储备，任一楼层框架部分的抗剪承载能力不应小于结构底部总地震剪力的 25%和框架部分各楼层计算剪力最大值 1.8 倍的较小值；

②应能保证支撑先于梁柱进入破坏状态；

③节点和节点域的设计应符合框架结构的相关要求；

④中心支撑的长细比和宽厚比以及节点的连接构造应符合《建筑抗震设计规范》的有关要求。

（3）对于钢框架-偏心支撑结构，需注意：

①不含支撑的框架部分应具有足够的强度储备，任一楼层框架部分的抗剪承载能力不应

小于结构底部总地震剪力的25%和框架部分各楼层计算剪力最大值1.8倍的较小值；

②支撑框架的设计应能保证消能梁段先于支撑、柱和普通梁段进入破坏状态。支撑、柱和普通梁段的内力设计值，应根据消能梁段受剪屈服时各构件的地震组合内力值，按抗震等级进行放大调整，调整系数不得小于1.1；

③节点和节点域的设计应符合框架结构的相关要求；

④偏心支撑的长细比和板件宽厚比，消能梁段的长度、板件宽厚比、加劲肋设置等应符合国家标准《建筑抗震设计规范》的有关要求。

(4) 钢结构的连接设计应符合下列要求：

①钢结构抗侧力构件连接的承载力设计值，不应小于相连构件的承载力设计值；高强度螺栓连接不得滑移；

②连接的极限承载力应大于相连构件的屈服承载力。

5.4 钢-混凝土组合结构房屋

5.4.1 抗震等级

5.4.1 钢-混凝土组合结构房屋应根据设防类别、设防烈度、结构类型和房屋高度按下列规定采用不同的抗震等级，并应符合相应的内力调整和抗震构造要求。

1 丙类建筑的抗震等级应按表5.4.1确定；

表5.4.1 丙类钢-混凝土组合结构房屋的抗震等级

<table>
<tr><th colspan="2" rowspan="2">结构类型</th><th colspan="12">设防烈度</th></tr>
<tr><th colspan="2">6</th><th colspan="4">7</th><th colspan="4">8</th><th colspan="2">9</th></tr>
<tr><td rowspan="3">框架结构</td><td>房屋高度(m)</td><td>≤24</td><td>25~60</td><td colspan="2">≤24</td><td colspan="2">25~50</td><td colspan="2">≤24</td><td colspan="2">25~40</td><td colspan="2">≤24</td></tr>
<tr><td>框架</td><td>四</td><td>三</td><td colspan="2">三</td><td colspan="2">二</td><td colspan="2">二</td><td colspan="2">一</td><td colspan="2">一</td></tr>
<tr><td>跨度不小于18m的框架</td><td colspan="2">三</td><td colspan="4">二</td><td colspan="4">一</td><td colspan="2">一</td></tr>
<tr><td rowspan="3">框架-抗震墙结构</td><td>房屋高度(m)</td><td>≤60</td><td>61~130</td><td>≤24</td><td colspan="2">25~60</td><td>61~120</td><td>≤24</td><td colspan="2">25~60</td><td>61~100</td><td>≤24</td><td>25~50</td></tr>
<tr><td>钢管(型钢)混凝土框架</td><td>四</td><td>三</td><td>四</td><td colspan="2">三</td><td>二</td><td>三</td><td colspan="2">二</td><td>一</td><td>二</td><td>一</td></tr>
<tr><td>钢筋混凝土抗震墙</td><td>三</td><td>三</td><td>三</td><td colspan="2">二</td><td>二</td><td>二</td><td colspan="2">一</td><td>一</td><td>一</td><td>一</td></tr>
</table>

续表

结构类型			设防烈度									
			6		7			8			9	
抗震墙结构	房屋高度(m)		≤80	81~140	≤24	25~80	81~120	≤24	25~80	81~100	≤24	25~50
	型钢混凝土抗震墙		四	三	四	三	二	三	二	一	二	一
部分框支抗震墙结构	房屋高度(m)		≤80	81~120	≤24	25~80	81~100	≤24	25~80	/		
	抗震墙	一般部位	四	三	四	三	二	三	二			
		底部加强部位	三	二	三	二	一	二	一			
	钢管(型钢)混凝土框支框架		二	二	二	二	一	一	一			
框架–核心筒结构	房屋高度(m)		≤150	151~220	≤130	131~190		≤100	101~170		≤70	
	钢、钢管(型钢)混凝土框架		三	二	二	一		一	一		一	
	钢筋混凝土核心筒		二	二	二	一		一	特一		特一	
筒中筒结构	房屋高度(m)		≤180	181~280	≤150	151~230		≤120	121~170		≤90	
	钢管(型钢)混凝土外筒		三	二	二	一		一	一		一	
	钢筋混凝土核心筒		二	二	二	一		一	特一		特一	
板柱–抗震墙	高度(m)		≤35	36~80	≤35	36~70		≤35	36~55			
	框架、板柱的柱		三	二	二	二		一				
	抗震墙		二	二	二	一		二	一			

2　甲、乙类建筑的抗震措施应符合本规范第2.4.2条的规定；当房屋高度超过本规范表5.4.1相应规定的上限时，应采取更有效的抗震措施。

3　当房屋高度接近或等于表5.4.1的高度分界时，应结合房屋不规则程度及场地、地基条件确定抗震等级。

【编制说明】

本条是钢-混凝土组合结构房屋抗震等级的基本规定。抗震等级是钢-混凝土组合结构房屋的重要的设计参数，抗震等级不同，不仅计算时相应的内力调整系数不同，对配筋、配箍、轴压比、剪压比的构造要求也有所不同，体现了不同延性要求和区别对待的设计原则。本条综合考虑设防烈度、设防类别、结构类型和房屋高度四个因素给出抗震等级的基本规定是必要的。本条参照GB 50011—2010第6.1.2条（强条）、第6.1.3条、第8.1.2条（强条）等。

【实施与检查】

1. 实施

结构设计总说明和计算书中，抗震等级应明确无误。

处于Ⅰ类场地的情况，要注意区分内力调整的抗震等级和构造措施的抗震等级。

主楼与裙房不论是否分缝，主楼在裙房顶板对应的相邻上下楼层（共2个楼层）的构造措施应适当加强，但不要求各项措施均提高一个抗震等级。

甲、乙类建筑提高一度查表确定抗震等级时，当房屋高度大于表中规定的高度时，应采取比一级更有效的抗震构造措施。

当结构构件抗震承载能力与多遇地震组合内力设计值的比值不小于2.0时，可根据等能量原理适当降低延性抗震措施，但不得低于四级。

2. 检查

检查组合结构抗震等级，查看设计总说明和计算书的抗震等级。

5.4.2　延性构造要求

5.4.2　钢-混凝土组合框架结构、钢-混凝土组合抗震墙结构、部分框支抗震墙结构、框架-抗震墙结构抗震构造应符合下列规定：

1　各类型结构的框架梁和框架柱的潜在塑性铰区应采取箍筋加密等延性加强措施。

2　钢-混凝土组合抗震墙结构、部分框支抗震墙结构、框架-抗震墙结构的钢筋混凝土抗震墙设计应符合本规范第5.2节的有关规定。

3　型钢混凝土抗震墙的墙肢和连梁以及框支框架等构件的潜在塑性铰区应采取箍筋加密等延性加强措施。

【编制说明】

本条明确框架结构、抗震墙结构、部分框支抗震墙结构、框架-抗震墙结构的基本构造要求。构造措施是抗震设计的重要内容和不可或缺的组成部分，也是工程结构抗震能力的重要保障。本条从框架结构的构件断面、潜在塑性铰区的箍筋加密要求、梁柱和节点的配筋构造、非结构墙体的布局与拉结等角度提出原则性要求，是保障混凝土框架结构房屋抗震能力的重要手段，是必要的。本条参照《建筑抗震设计规范》（GB 50011—2010）第6.3节。

本条从抗震墙的厚度、配筋率、框支柱和框架柱的配筋率等提出最低要求，以及各类构件的箍筋加密和配筋构造的原则性要求，是保障此类房屋抗震能力的重要手段，是必要的。本条参照《建筑抗震设计规范》（GB 50011—2010）第6.4节、第6.5节，仅规定了抗震墙的最小厚度、含钢率、最低配筋率、框支柱和框架柱的含钢率和最小配筋率等，以及各类构件箍筋加密的原则性要求。至于各类构件的细部构造则由《组合结构通用规范》进一步详细规定。

5.4.3 二道防线的刚度要求

5.4.3 **型钢混凝土框架-核心筒结构、筒中筒结构等筒体结构，外框架、外框筒应有足够刚度，确保结构具有明显的双重抗侧力体系特征。**

【编制说明】

本条明确筒体结构的抗震设计的专门要求。筒体结构加强层布局、以及外框架的刚度布局是影响筒体结构整体安全的重要因素，也是抗震设计的重要内容和不可或缺的组成部分。本条对筒体结构加强层大梁或桁架的布局和计算分析要求、外框架的刚度要求等作出原则性规定，是保障此类房屋抗震能力的重要手段，是必要的。

一般地，加强层的大梁或桁架应与核心筒内的墙肢贯通，结构整体分析应计入加强层变形的影响。当加强层及其相邻上下层以外的框架部分计算剪力最大值小于底部总地震剪力的10%时，应采取措施提高外框架部分的抗剪承载能力，使其不小于结构底部总地震剪力的15%，同时，尚应加强核心筒墙体的延性构造措施。

5.5 砌体结构房屋

5.5.1 总高度和总层数限值

5.5.1 **多层砌体房屋的层数和高度应符合下列规定：**

1 **一般情况下，房屋的层数和总高度不应超过表5.5.1的规定。**

表 5.5.1　丙类砌体房屋的层数和总高度限值（m）

房屋类别		最小抗震墙厚（mm）	烈度和设计基本地震加速度											
			6		7				8				9	
			0.05g		0.10g		0.15g		0.20g		0.30g		0.40g	
			高度	层数	高度	层数	高度	层数	高度	层数	高度	层数	高度	层数
多层砌体房屋	普通砖	240	21	7	21	7	21	7	18	6	15	5	12	4
	多孔砖	240	21	7	21	7	18	6	18	6	15	5	9	3
	多孔砖	190	21	7	18	6	15	5	15	5	12	4	—	—
	小砌块	190	21	7	21	7	18	6	18	6	15	5	9	3
底部框架-抗震墙砌体房屋	普通砖 多孔砖	240	22	7	22	7	19	6	16	5				
	多孔砖	190	22	7	19	6	16	5	13	4				
	小砌块	190	22	7	22	7	19	6	16	5				

注：自室外地面标高算起且室内外高差大于 0.6m 时，房屋总高度应允许比本表确定值适当增加，但增加量不应超过 1.0m。

2　甲、乙类建筑不应采用底部框架－抗震墙砌体结构。乙类的多层砌体房屋应按表 5.5.1 的规定层数应减少一层、总高度应降低 3m。

3　横墙较少的多层砌体房屋，总高度应按表 5.5.1 的规定降低 3m，层数相应减少一层；各层横墙很少的多层砌体房屋，还应再减少一层。

4　采用蒸压灰砂砖和蒸压粉煤灰砖的砌体房屋，当砌体的抗剪强度仅达到普通黏土砖砌体的 70%时，房屋的层数应比普通砖房减少一层，总高度应减少 3m；当砌体的抗剪强度达到普通黏土砖砌体的取值时，房屋层数和总高度的要求同普通砖房屋。

【编制说明】

本条规定多层砌体房屋的高度和层控制要求。国外对地震区砌体结构房屋的高度限制较严，有的甚至规定不允许使用无筋砌体结构。我国历次地震的宏观调查资料表明，不配筋砖结构房屋的高度越高，层数越多，则震害越重，倒塌的比例也越大。震害经验还表明，控制无筋砌体结构房屋的高度和层数是一种既经济又有效的重要抗震措施。因此，基于砌体材料的脆性性质和震害经验，严格限制其层数和高度目前仍是保证该类房屋抗震性能的主要措施。

本节中，横墙较少的砌体房屋是指同一楼层内开间大于 4.2m 的房间占该层总面积的 40%以上的砌体房屋；横墙很少的砌体房屋是指开间不大于 4.2m 的房间占该层总面积不到 20%且开间大于 4.8m 的房间占该层总面积的 50%以上的砌体房屋。

房屋总高度的计算：

(1) 计算的起点，无地下室时应取室外地面标高处，带有半地下室时应取地下室室内地面标高处，带有全地下室或嵌固条件好的半地下室时应允许取室外地面标高处；

(2) 计算的终点，对平屋顶，取为主要屋面板板顶的标高处；对坡屋顶，取为檐口的标高处；对带阁楼的坡屋面取山尖墙的 1/2 高度处。

本条改自《建筑抗震设计规范》(GB 50011—2010) 第 7.1.2 条 (强条)、《约束砌体与配筋砌体结构技术规程》(JGJ 13—2014) 第 5.1.5 条 (强条)。

【实施与检查】

1. 实施

(1) 采用层数和总高度双控，当房屋的层高较大时，房屋的层数要相应减少。

(2) 总高度一般从室外地面计算至房屋的檐口，平屋顶时不计入超出屋面的女儿墙高度，不计入局部突出屋面楼梯间等的高度；房屋总高度按有效数字控制，限值以米计算，小数位四舍五入，意味着室内外高差不大于 0.6m 可增加 0.4m，室内外高差大于 0.6m 时总高度的增加量应少于 1.0m。控制层数和总高度的计算方法，与结构抗震分析时层数和计算高度的取法不同。有半地下室时，按地面下的嵌固条件区别对待：例如，半地下室的顶板高出地面不多，地下窗井墙为每道内横墙的延伸而形成了扩大的基础底盘，且周围土体的约束作用显著，此时，半地下室不计入层数，总高度仍可从室外地面算起。

(3) 阁楼层的高度和层数如何计算，应具体分析。一般的阁楼层应当作一层计算，房屋高度计算到山尖墙的一半；当阁楼的平面面积较小，或仅供储藏少量物品、无固定楼梯的阁楼，符合出屋面屋顶间的有关要求时，可不计入层数和高度。斜屋面下的“小建筑”通常按实际有效使用面积或重力荷载代表值小于顶层 30%控制。

(4) 多层砌体房屋的层数和总高度控制要求，与墙体的材料种类、居住条件、城市发展规划等因素有关，除遵守本条规定外，还应符合建筑设计等专业的强制性规定。

(5) 横墙很少的砌体房屋，一般指整幢房屋中均为开间很大的会议室或开间很大的办公等用房。此类建筑结构的抗侧力构件-砌体抗震墙甚少，有的墙体间距接近规范 5.5.2 条规定的最大横墙间距，动力特性与普通的多层砌体房屋不同。因此，要求根据工程的具体情况再降低一层。

(6) 砌体房屋有较大错层时，其层数应按两倍计算。不超过圈梁或大梁高度的错层，结构计算时可作为一个楼层看待，但这类圈梁和大梁应考虑两侧楼板高差导致的扭转，设置相应的抗扭钢筋，还要注意符合无障碍设计的相关强制性要求。

(7) 建造砌体房屋时，不应为追求近期经济效益而超高。当特殊情况需要建造超高砌体房屋时，应采取切实有效的抗震措施并严格按规定程序审批。

2. 检查与控制

检查砌体房屋的高度和层数，检查设计施工图和计算书的房屋的总高度和总层数是否符合规定。

5.5.2　抗震横墙间距

5.5.2　砌体结构房屋抗震横墙的间距应符合下列规定：

1　一般情况下，抗震横墙间距不应超过表 5.5.3 的规定。

2　多层砌体房屋顶层的抗震横墙间距，除木屋盖外，允许比表 5.5.2 中的数值适当放宽，但应采取相应加强措施。

3　多孔砖抗震横墙厚度为 190mm 时，最大横墙间距应比表中数值减少 3m。

表 5.5.3　房屋抗震横墙的间距（m）

房屋类别		烈度			
		6	7	8	9
现浇或装配整体式钢筋混凝土楼、屋盖		15	15	11	7
装配式钢筋混凝土楼、屋盖		11	11	9	4
木屋盖		9	9	4	—
底部框架-抗震墙砌体房屋	上部各层	同多层砌体房屋			—
	底层或底部两层	18	15	11	—

【编制说明】

本条明确砌体结构房屋抗震横墙间距的控制要求。为防止砌体房屋在强烈地震中倒塌，按照抗震概念设计的要求布置墙体，比其他类型的结构更为重要。这一点需要注册建筑师和注册结构工程师的密切配合。

本规范第 5.1.1 条规定，不应采用严重不规则的建筑方案；第 2.4.1 条规定，应有合理的地震作用传递途径；这里，进一步提出对抗震横墙最大间距的规定，以使楼盖具有传递水平地震作用所需的刚度。

多层砌体房屋的横向地震作用主要由横墙承担，需要横墙有足够的承载力，且楼盖必须具有传递地震作用给横墙的水平刚度。若横墙间距较大，房屋的相当一部分地震作用通过纵墙传至横墙，纵向砖墙就会产生出平面的弯曲破坏。因此，多层砖房应按所在地区的抗震设防烈度与房屋楼（屋）盖的类型来限制横墙的最大间距，以满足楼盖传递水平地震作用所需的刚度要求。纵墙承重的房屋，横墙间距同样应满足该规定。

规范给出的房屋抗震横墙最大间距的要求是为了尽量减少纵墙的出平面破坏，但并不是说满足上述横墙最大间距的限值就能满足横向承载力验算的要求。

根据表中规定、地震作用沿竖向传递的规律，以及竖向荷载传递的合理性，大房间宜设置在房屋顶层。

多孔砖指孔洞率不大于 25%且不小于 15%的承重空心砖，以黏土、页岩、煤矸石为主要原料，经焙烧而成，孔形多为圆孔或非圆孔，孔的尺寸小而多。试验结果表明，多孔砖砌体的脆性性质表现的比较突出，多孔砖的壁和肋比较薄，在竖向力作用下容易崩裂，造成构件有效断面减小，使结构突然倒塌，因此多孔砖应采取更加严格的措施。

【实施与检查】

1. 实施

(1) 抗震横墙间距的实质指承担地震剪力的墙体间距。对于一般的、矩形平面的砌体房屋，纵向墙体的间距不致过大，故仅对横向墙体作出规定；对于塔式房屋，两个方向均应作为抗震横墙对待。

(2) 多层砌体房屋的顶层，当屋面采用现浇钢筋混凝土结构，大房间平面长宽比不大于2.5时，最大抗震横墙间距可适当增加，但不应超过表5.5.2中数值的1.4倍及15m，同时，抗震横墙除应满足抗震承载力计算要求外，相应的构造柱应予以加强并至少向下延伸一层。

(3) 抗震横墙间距，一般指贯通房屋全高的墙体。对于横墙在平面上有错位的情况，应具体分析其楼盖类别。当为现浇钢筋混凝土楼盖时，允许横墙在平面上错位1m；当为装配式屋盖时，如不采取其他措施，横墙在平面上错位应在0.3m以内。

2. 检查

检查横墙间距，查看各层横墙的最大间距。

5.5.3 底框结构布局的控制性要求

> **5.5.3 底部框架-抗震墙砌体房屋的结构体系，应符合下列规定：**
>
> **1 上部的砌体墙体与底部的框架梁或抗震墙，除楼梯间附近的个别墙段外均应对齐。**
>
> **2 房屋的底部，应沿纵横两方向设置一定数量的抗震墙，并应均匀对称布置。6度且总层数不超过四层的底层框架-抗震墙砌体房屋，应允许采用嵌砌于框架之间的约束普通砖砌体或小砌块砌体的砌体抗震墙，但应计入砌体墙对框架的附加轴力和附加剪力并进行底层的抗震验算，且同一方向不应同时采用钢筋混凝土抗震墙和约束砌体抗震墙；其余情况，8度时应采用钢筋混凝土抗震墙，6、7度时应采用钢筋混凝土抗震墙或配筋小砌块砌体抗震墙。**
>
> **3 底层框架-抗震墙砌体房屋的纵横两个方向，第二层计入构造柱影响的侧向刚度与底层侧向刚度的比值，6、7度时不应大于2.5，8度时不应大于2.0，且均不应小于1.0。**
>
> **4 底部两层框架-抗震墙砌体房屋纵横两个方向，底层与底部第二层侧向刚度应接近，第三层计入构造柱影响的侧向刚度与底部第二层侧向刚度的比值，6、7度时不应大于2.0，8度时不应大于1.5，且均不应小于1.0。**

【编制说明】

本条规定底框砌体房屋抗震体系的基本原则。改自《建筑抗震设计规范》(GB 50011—2010) 第7.1.6条 (强条)、第7.1.8条 (强条)，《底部框架-抗震墙砌体房屋抗震技术规程》（JGJ 248—2012）第3.0.6条（强条）、第3.0.9条（强条）。

1. 抗震墙布置及刚度控制

近几十年的大地震震害经验表明，底部框架砌体房屋是一种抗震不利的混合结构体系，相对于上部砌体楼层，底部框架楼层的侧向刚度既不能太小，又不能太大。太小容易导致地震时底部整体垮塌，太大则会导致薄弱楼层转移至上部砌体楼层，进而造成上部砌体严重破坏，甚至倒塌。因此，抗震规范对底框房屋的上下刚度比值进行了严格的规定，要求底部应沿纵、横两方向均匀对称或基本均匀对称布置一定数量的抗震墙，且过渡层与底部侧移刚度的比值，根据底部框架-抗震墙的层数和设防烈度的不同，分别予以控制。这个规定体现了抗震规范概念设计的要求：

（1）尽量减少因上下层刚度突变而导致底部应力集中和变形集中；

（2）任何情况下，底部框架-抗震墙部分的侧向刚度都不得大于上部砌体结构部分的侧向刚度，使地震时大部分变形由延性较好的钢筋混凝土结构承担，并避免薄弱层转移。

“底部两层框架-抗震墙砌体房屋纵横两个方向，底层与底部第二层侧向刚度应接近”应根据工程经验执行，如无可靠设计经验，可按抗侧刚度相差不超过20%确定。

墙体对称布置是指在底层平面内每个方向墙体的刚度基本均匀，避免或减少扭转的不利影响，可通过墙体长度、厚度、洞口连梁等的调整来实现。

侧向刚度应在纵、横两个方向分别计算。底部的侧向刚度包括底部的框架、混凝土抗震墙和砖抗震墙的侧向刚度。实际工程设计时，底框房屋上下刚度比可按下式计算：

$$\lambda_k = \frac{K_2}{K_1} = \frac{\sum K_{w2}}{\sum K_f + \sum K_w + \sum K_{bw}}$$

式中　K_1、K_2——房屋底层和二层的刚度

K_{w2}——二层砌体墙的刚度

$\sum K_f$——底层框架侧向刚度

$\sum K_w$——底层混凝土抗震墙侧向刚度

$\sum K_{bw}$——底层嵌砌的砌体抗震墙的侧向刚度

（1）砌体抗震墙的刚度：高宽比小于1时，仅考虑剪切变形；高宽比不大于4且不小于1时，应同时考虑弯曲和剪切变形；高宽比大于4时，等效侧向刚度取0.0。

（2）底层框架的刚度：按框架梁刚性假定计算，仅考虑框架柱的弯曲变形刚度。

（3）底层混凝土抗震墙的刚度：同时考虑弯曲变形和剪切变形计算。

（4）嵌砌的砌体抗震墙刚度：取框架的弹性侧向刚度和砌体墙的弹性侧向刚度之和。

2. 上部砌体抗震墙的布置

上部的砌体抗震墙与底部的框架梁或抗震墙，除楼梯间附近的个别墙段外均应对齐。这个规定体现了抗震规范概念设计的要求，尽量减少地震作用转换的次数，使之有明确、合理的传递途径。

上部楼层中不落地的砖抗震墙，一般要由两端设置框架柱的托墙梁（框架主梁）支承，使地震作用有很明确的传递途径；个别采用次梁转换的砖抗震墙，要明确其地震作用传递途径；其余不落地的上部砖墙，应改为非抗震的隔墙，尽量用轻质材料。

鉴于近期大地震（包括汶川与玉树地震）中，底部框架砌体房屋的震害程度明显重于其他房屋的现象，《建筑抗震设计规范》在 2010 版修订时，特地加强了这类房屋的结构布局要求，将上部砌体抗震墙与底部抗震墙或框架梁的关系由 2001 版的“对齐或基本对齐”修改为“除楼梯间附近的个别墙段外均应对齐”。实际工程操作时应注意把握好以下几点：

（1）关于楼梯间附近个别墙段的认定：当底部楼梯间 4 角均设置框架柱时，个别墙段指的是楼梯间对面的分户横墙；当底部楼梯间仅设置 2 根框架柱于横向一侧时，个别墙段指的是楼梯间另一侧横墙。

（2）关于“均应对齐”的要求，指的是指除上述个别墙段外，上部砌体抗震墙均应由下部的框架主梁或抗震墙支承，而不应由次梁支托。

（3）《2010 规范》作此规定，意味着对于底部为大空间商场、上部用作普通住宅这样的底部框架-抗震墙砌体房屋，其结构布局只能选择下列情况之一：

①底部采用较大的柱网尺寸（比如 7.2m），上部住宅开间较小（例如 3.6m），落于底部次梁之上的墙体改为非抗震的隔墙。但此种布局，可能会造成整个建筑属于横墙较少或各层横墙很少的砌体房屋，房屋的总层数和总高度应较表 7.1.2 的限值降低 1~2 层和 3~6m。

②底部采用相对较小的柱网尺寸（例如 3.6m），以适应上部住宅的开间要求，进而满足规范的上述规定。这种布局，房屋的层数与高度不需降低，但房屋底部的使用空间会受到一定限制。

③采用钢筋混凝土框架结构体系，上部住宅的墙体全部改为框架结构的填充墙或隔墙。这种布局，可满足使用功能的要求，也可不降低房屋的高度和层数，但应注意隔墙或填充墙的竖向不均匀布置对框架结构的不利影响。

3. 落地抗震墙的选择

落地的抗震墙，一般应采用钢筋混凝土墙，仅 6 度设防且房屋层数不超过 4 层时才允许采用砌体抗震墙，且应采用约束砌体加强，但不应采用约束多孔砖砌体，有关的构造要求见第 7.5 节；6、7 度时，也允许采用配筋小砌块墙体。还需注意，砌体抗震墙应对称布置，避免或减少扭转效应，不作为抗震墙的砌体墙，应按填充墙处理，施工时后砌。

落地抗震墙，不论混凝土抗震墙还是砖抗震墙，均应设置条形基础等刚度较好的基础。

4. 上部砌体的建筑结构布局

底部框架砌体房屋上部各层的建筑结构布置，其要求仍与多层砌体房屋相同，同样不应采用严重不规则的建筑设计方案。

上部砌体部分的纵、横向布置宜均匀对称，沿平面宜对齐，沿竖向应上下连续。同一轴线上的窗间墙宜均匀。内纵墙宜贯通，对外纵墙的开洞率应控制，6、7 度时不宜大于 55%，8 度时不应大于 50%。

【实施与检查】

1. 实施

（1）两方向均应布置抗震墙，不可采用底层纯框架。底层的墙体一般采用混凝土抗震墙，可充分发挥钢筋混凝土结构的延性，并使墙体数量减少，便于建筑布置；烈度低且层数少时也可采用砖抗震墙。

（2）墙体对称布置是指在底层平面内每个方向墙体的刚度基本均匀，避免或减少扭转的不利影响，可通过墙体长度、厚度、洞口连梁等的调整来实现。

（3）侧向刚度应在纵、横两个方向分别计算。底部的侧向刚度包括底部的框架、混凝土抗震墙和砖抗震墙的侧向刚度。

（4）上部楼层中不落地的砌体抗震墙，一般要由两端设置框架柱的托墙梁（框架主梁）支承，使地震作用有很明确的传递途径；个别采用次梁转换的砌体抗震墙，要明确其地震作用传递途径；其余不落地的上部砌体墙，应改为非抗震的隔墙，尽量用轻质材料。

（5）底部的侧向刚度不得大于上部，使地震时大部分变形由延性较好的钢筋混凝土结构承担，并避免薄弱层转移。

2. 检查

检查底框结构布置，查看纵横两方向上下刚度比和抗侧力构件轴线对齐情况。

5.5.4　配筋小砌块房屋的最大适用高度

5.5.4　**配筋混凝土小型空心砌块抗震墙房屋的高度应符合下列规定：**

1　**一般情况下，不应超过表 5.5.4 的规定。**

表 5.5.4　配筋混凝土小型空心砌块抗震墙房屋适用的最大高度（m）

最小墙厚（mm）	6 度	7 度		8 度		9 度
	0.05g	0.10g	0.15g	0.20g	0.30g	0.40g
190	60	55	45	40	30	24

2　**配筋混凝土小型空心砌块砌体房屋某层或几层开间大于 6.0m 以上的房间建筑面积占相应层建筑面积 40%以上时，表 5.5.4 中高度规定相应减少 6m。**

【编制说明】

本条明确了配筋小砌块房屋的高度控制要求。改自《建筑抗震设计规范》（GB 50011—2010）第 F.1.1 条、《约束砌体与配筋砌体结构技术规程》（JGJ 13 —2014）第 5.1.11 条。

5.5.5　配筋小砌块房屋的抗震等级

5.5.5　**配筋小砌块砌体抗震墙结构房屋抗震设计时，抗震墙的抗震等级应根据设防烈度和房屋高度按表 5.5.5 采用。当房屋高度接近或等于表 5.5.5 高度分界时，应结合房屋不规则程度及场地、地基条件确定抗震等级。**

表 5.5.5 配筋小砌块砌体抗震墙结构房屋的抗震等级设

	设防烈度						
	6		7		8		9
高度(m)	≤24	>24	≤24	>24	≤24	>24	≤24
抗震墙	四	三	三	二	二	一	一

【编制说明】

本条明确了配筋砌块砌体房屋的抗震等级。改自《砌体结构设计规范》(GB 50003—2011) 第 10.1.6 条 (强条)、《约束砌体与配筋砌体结构技术规程》(JGJ 13 —2014) 第 5.1.12 条 (强条)、《建筑抗震设计规范》(GB 50011—2010) 第 F.1.2 条。

5.5.6 砌体抗震验算的强度取值

5.5.6 **各类砌体沿阶梯形截面破坏的抗震抗剪强度设计值应合理取值。**

【编制说明】

本条明确了砌体抗震抗剪强度设计值的取值要求。由于在地震作用下砌体材料的强度指标与静力条件下不同，本条专门给出了关于砌体沿阶梯形截面破坏的抗震抗剪强度设计值的规定。本条改自《建筑抗震设计规范》(GB 50011—2010) 第 7.2.6 条 (强条)、《约束砌体与配筋砌体结构技术规程》(JGJ 13—2014) 第 5.3.1 条 (强条):

各类砌体沿阶梯形截面破坏的抗震抗剪强度设计值，应按下式确定:

$$f_{vE} = \zeta_N f_v$$

式中 f_{vE}——砌体沿阶梯形截面破坏的抗震抗剪强度设计值;

f_v——非抗震设计的砌体抗剪强度设计值;

ζ_N——砌体抗震抗剪强度的正应力影响系数，应按表 5.5.6 - 1 采用。

表 5.5.6 - 1 砌体强度的正应力影响系数

砌体类别	重力荷载代表值的砌体截面平均压应力与抗剪强度的比值 σ_0/f_v							
	0.0	1.0	3.0	5.0	7.0	10.0	12.0	≥16.0
普通砖，多孔砖	0.80	0.99	1.25	1.47	1.65	1.90	2.05	—
小砌块	—	1.23	1.69	2.15	2.57	3.02	3.32	3.92

【实施与检查】

1. 实施

（1）一般情况，砌体承载力验算仅考虑墙体两端构造柱的约束作用，当砌体抗震承载力不足时，可同时考虑水平配筋、墙体中部的构造柱参与工作，但其截面尺寸和配筋应符合规定，不得任意扩大。

（2）砌体结构墙体的抗震验算，应以墙段为单位，不应以墙片为单位。

（3）墙体中留洞、留槽、预埋管道等使墙体削弱，遇到连续开洞的情况，必要时应验算削弱后墙体的抗震承载力。

2. 检查

检查砌体承载力，查看计算书中，砌体的抗剪强度设计值的调整。

5.5.7　底框砌体房屋的内力调整

> 5.5.7　**底部框架-抗震墙砌体房屋的地震作用效应，应按下列规定调整：**
>
> 1　**对底层框架-抗震墙砌体房屋，底层的纵向和横向地震剪力设计值均应乘以增大系数；其值应允许在 1.2~1.5 范围内选用，第二层与底层侧向刚度比大者应取大值。**
>
> 2　**对底部两层框架-抗震墙砌体房屋，底层和第二层的纵向和横向地震剪力设计值亦均应乘以增大系数；其值应允许在 1.2~1.5 范围内选用，第三层与第二层侧向刚度比大者应取大值。**
>
> 3　**底层或底部两层的纵向和横向地震剪力设计值应全部由该方向的抗震墙承担，并按各墙体的侧向刚度比例分配。**

【编制说明】

本条明确了底框砌体房屋的内力调整规定。由于底部框架砖房属于竖向不规则结构，当采用底部剪力法做简化计算，应进行一系列的内力调整，使之较符合实际。

底部框架-抗震墙房屋刚度小的底部，地震剪力应适当加大，其值根据上下的刚度比确定，刚度比越大，增大越多。同时，增大后的地震剪力应全部由该方向的抗震墙承担。

此外，增大后的底部地震剪力按考虑二道设防进行分配：由框架承担一部分；同时，还应考虑由地震倾覆力矩引起的框架柱附加轴向力。

【实施与检查】

1. 实施

即使底部框架砌体房屋整体计算时上下侧向刚度比接近，考虑不落地砖抗震墙的轴线仍为上刚下柔，底部的地震剪力仍需加大。

2. 检查

检查底框剪力，查看底部的地震剪力增大情况及次梁托墙的计算情况。

5.5.8　圈梁、构造柱的设置要求

> 5.5.8　**砌体房屋应设置现浇钢筋混凝土圈梁、构造柱或芯柱。**

【编制说明】

本条明确了砌体房屋圈梁、构造柱和芯柱设置的基本要求。根据地震经验和大量的试验研究成果，设置钢筋混凝土构造柱是防止砌体房屋倒塌的十分有效的途径。研究表明，构造柱可提高砌体抗剪能力约10%~30%，其提高的幅度与墙体高宽比、正应力大小和开洞情况有关。构造柱的作用主要是对墙体形成约束，以显著提高其变形能力，构造柱应设置在震害可能较重、连接构造薄弱和易于应力集中的部位，这样做效果较好。构造柱截面不必很大，但要与圈梁等水平的钢筋混凝土构件组成对墙体的分割包围才能充分发挥其约束作用。总的说来，构造柱应根据房屋用途、结构部位、设防烈度和该部位承担地震剪力的大小来设置。混凝土小型砌块作为墙体改革的材料，大力推广应用是很有必要的。为提高混凝土小型砌块房屋的抗震安全性，不仅需要对高度、层数限制和建筑结构布置提出强制性要求，还应对多层小砌块房屋的芯柱设置做出强制性规定。小砌块房屋芯柱的作用类似于砖房的构造柱，技术要求上也有一定的对应关系。

震害表明，抗震圈梁能增加预制楼盖的整体性，是提高房屋抗震能力的有效措施。圈梁与构造柱一起形成对墙体的约束，是确保房屋整体性的重要措施。本条文按不同的设防烈度对圈梁最大间距提出强制性要求，是必要的。历次的震害资料表明，现浇楼盖有良好的整体性，不需要另设圈梁，但楼板沿纵横墙体的周边应加强配筋，并通过钢筋与相应构造柱可靠连接，形成对墙体的约束。

【实施注意事项】

此次通用规范制定时，由于相关规范间的协调与分工的安排，本规范仅提出圈梁与构造柱设置的总体要求，并未给出具体的技术规定，实际工程实施时尚应根据现行规范《建筑抗震设计规范》（GB 50011—2010）的有关规定采取如下措施：

（1）砌体房屋应按下列要求设置现浇钢筋混凝土构造柱（以下简称构造柱）或芯柱：

①除另有特别规定外，多层砖砌体房屋构造柱设置应符合表5.5.8-1的要求，多层小砌块房屋芯柱或构造柱设置应符合表5.5.8-2的要求。

②外廊式和单面走廊式的多层房屋，至少应按总层数增加一层的要求设置构造柱或芯柱，且单面走廊两侧的纵墙均应按外墙处理。

③横墙较少的房屋，至少应按总层数增加一层的要求设置构造柱或芯柱。

④各层横墙很少的房屋，至少应按总层数增加二层的要求设置构造柱或芯柱。

⑤采用蒸压灰砂砖和蒸压粉煤灰砖的砌体房屋，当砌体的抗剪强度仅达到普通黏土砖砌体的70%时，至少应按总层数增加一层的要求设置构造柱。

⑥对于多层小砌块房屋，外墙转角、内外墙交接处、楼电梯间四角等部位允许采用钢筋混凝土构造柱替代部分芯柱。

表 5.5.8－1　多层砖砌体房屋构造柱设置要求

<table>
<tr><th colspan="4">房屋层数</th><th colspan="2" rowspan="2">设置部位</th></tr>
<tr><th>6度</th><th>7度</th><th>8度</th><th>9度</th></tr>
<tr><td>四、五</td><td>三、四</td><td>二、三</td><td></td><td rowspan="3">楼、电梯间四角，楼梯斜梯段上下端对应的墙体处；
外墙四角和对应转角；
错层部位横墙与外纵墙交接处；
大房间内外墙交接处；
较大洞口两侧</td><td>隔12m或单元横墙与外纵墙交接处；
楼梯间对应的另一侧内横墙与外纵墙交接处</td></tr>
<tr><td>六</td><td>五</td><td>四</td><td>二</td><td>隔开间横墙（轴线）与外墙交接处；
山墙与内纵墙交接处</td></tr>
<tr><td>七</td><td>≥六</td><td>≥五</td><td>≥三</td><td>内墙（轴线）与外墙交接处；
内墙的局部较小墙垛处；
内纵墙与横墙（轴线）交接处</td></tr>
</table>

表 5.5.8－2　多层小砌块房屋芯柱设置要求

<table>
<tr><th colspan="4">房屋层数</th><th rowspan="2">设置部位</th><th rowspan="2">设置数量</th></tr>
<tr><th>6度</th><th>7度</th><th>8度</th><th>9度</th></tr>
<tr><td>四、五</td><td>三、四</td><td>二、三</td><td></td><td>外墙转角，楼、电梯间四角，楼梯斜梯段上下端对应的墙体处；
大房间内外墙交接处；
错层部位横墙与外纵墙交接处；
隔12m或单元横墙与外纵墙交接处</td><td rowspan="2">外墙转角，灌孔不少于3个；
内外墙交接处，灌孔不少于4个；
楼梯斜段上下端对应的墙体处，灌孔不少于2个</td></tr>
<tr><td>六</td><td>五</td><td>四</td><td></td><td>同上；
隔开间横墙（轴线）与外纵墙交接处</td></tr>
<tr><td>七</td><td>六</td><td>五</td><td>二</td><td>同上；
各内墙（轴线）与外纵墙交接处；
内纵墙与横墙（轴线）交接处和洞口两侧</td><td>外墙转角，灌孔不少于5个；
内外墙交接处，灌孔不少于4个；
内墙交接处，灌孔不少于4个；
洞口每侧灌孔不少于1个</td></tr>
<tr><td></td><td>七</td><td>≥六</td><td>≥三</td><td>同上；
横墙内芯柱间距不大于2m</td><td>外墙转角，灌孔不少于7个；
内外墙交接处，灌孔不少于5个；
内墙交接处，灌孔不少于4个；
洞口每侧灌孔不少于1个</td></tr>
</table>

(2) 砌体房屋应按下列要求设置现浇钢筋混凝土圈梁：

①装配式钢筋混凝土楼、屋盖或木屋盖的砖房，应按表 5.5.8-3 的要求设置圈梁；纵墙承重时，抗震横墙上的圈梁间距应比表内要求适当加密。

②现浇或装配整体式钢筋混凝土楼、屋盖，当沿抗震墙体周边的楼板内设置加强钢筋并与相应构造柱钢筋可靠连接时，允许不另设圈梁，否则，应按第 1) 款要求设置圈梁。

表 5.5.8-3 多层砌体房屋现浇钢筋混凝土圈梁设置要求

墙 类	烈 度		
	6、7	8	9
外墙和内纵墙	屋盖处及每层楼盖处	屋盖处及每层楼盖处	屋盖处及每层楼盖处
内横墙	同上； 屋盖处间距不应大于 4.5m； 楼盖处间距不应大于 7.2m； 构造柱对应部位	同上； 各层所有横墙，且间距不应大于 4.5m； 构造柱对应部位	同上； 各层所有横墙

③约束砌体房屋应在纵横墙交接处设置现浇钢筋混凝土构造柱或芯柱，在楼、屋面标高处设置现浇钢筋混凝土圈梁。

5.5.9 楼屋盖构造要求

5.5.9 多层砌体房屋的楼、屋面应符合下列规定：

1 楼板在墙上或梁上应有足够的支承长度，罕遇地震下楼板不应跌落或拉脱。

2 装配式钢筋混凝土楼板或屋面板，应采取有效的拉结措施，保证楼、屋面的整体性。

3 楼、屋面的钢筋混凝土梁或屋架应与墙、柱（包括构造柱）或圈梁可靠连接；不得采用独立砖柱。跨度不小于 6m 的大梁，其支承构件应采用组合砌体等加强措施，并应满足承载力要求。

【编制说明】

本条明确砌体房屋楼屋盖构件（板、梁）的基本构造要求。楼屋盖在房屋建筑抗震体系中的地位非常重要，其横隔效应是保证砌体房屋建筑的整体性、构建空间立体抗震体系的关键环节，因此，世界各国的抗震设计规范均十分重视横隔板设计。本条对楼板的支承长度和拉结措施、以及楼屋盖大梁的支承条件和拉结措施等提出原则性要求和底线控制性要求是非常必要的。

【实施注意事项】

由于相关规范间的协调与分工的安排，本规范仅提出楼屋盖构造措施的一些原则性要求，实际工程实施时尚应根据现行规范《建筑抗震设计规范》（GB 50011—2010）的有关规定采取进一步措施：

1. 关于楼屋盖的支承与拉结

（1）现浇钢筋混凝土楼板或屋面板伸进纵、横墙内的长度，均不应小于120mm。

（2）装配式钢筋混凝土楼板或屋面板，当圈梁未设在板的同一标高时，板端伸进外墙的长度不应小于120mm，伸进内墙的长度不应小于100mm或采用硬架支模连接，在梁上不应小于80mm或采用硬架支模连接。注意，这里的硬架支模指的是一种施工工艺，一般先架设梁或圈梁的模板，再将预制楼板支承在具有一定刚度的硬支架上，然后浇筑梁或圈梁、现浇叠合层等的混凝土。

（3）当板的跨度大于4.8m并与外墙平行时，靠外墙的预制板侧边应与墙或圈梁拉结。

（4）房屋端部大房间的楼盖，6度时房屋的屋盖和7~9度时房屋的楼、屋盖，当圈梁设在板底时，钢筋混凝土预制板应相互拉结，并应与梁、墙或圈梁拉结。

2. 关于楼屋面大梁的支承

加强混凝土楼屋盖大梁等与墙体的连接，对于砌体结构的整体性十分重要。鉴于独立砖柱的抗震能力较差，特别规定不得采用独立砖柱，支承大跨度楼面梁的构件应采用组合砌体等。“组合砌体等”意味着，在支承部位仅仅设置构造柱是不够的，而且需要进行沿楼面大梁平面内、平面外的静力和抗震承载力验算。

5.5.10　楼梯间构造要求

5.5.10　**砌体结构楼梯间应符合下列规定：**

1　**不应采用悬挑式踏步或踏步竖肋插入墙体的楼梯，8、9度时不应采用装配式楼梯段。**

2　**装配式楼梯段应与平台板的梁可靠连接。**

3　**楼梯栏板不应采用无筋砖砌体。**

4　**楼梯间及门厅内墙阳角处的大梁支承长度不应小于500mm，并应与圈梁连接。**

5　**顶层及出屋面的楼梯间，构造柱应伸到顶部，并与顶部圈梁连接，墙体应设置通长拉结钢筋网片。**

6　**顶层以下楼梯间墙体应在休息平台或楼层半高处设置钢筋混凝土带或配筋砖带，并与构造柱连接。**

【编制说明】

本条明确了砌体房屋楼梯间的构造要求。历次地震震害表明，楼梯间地震时受力比较复杂，常常破坏严重，作为地震疏散通道，必须采取一系列有效措施。突出屋顶的楼、电梯间，地震中受到较大的地震作用，因此在构造措施上也应当特别加强。要求砌体结构楼梯间墙体在休息平台或半层高处设置钢筋混凝土带或配筋砖带，以及采取其他加强措施，特别要求加强顶层和出屋面楼梯间的抗震构造——相当于约束砌体的构造要求。总体意图是形成突发事件发生时的应急疏散安全通道，提高对生命的保护。

关于顶层楼梯间和突出屋面楼梯间墙体的加强范围：

由于斜梯段的支撑作用，楼梯间墙体受力复杂，地震时易于损坏。为了保证地震时疏散通道的安全，应对楼梯间采取加强措施，特别是顶层楼梯间，层高比标准层楼梯间高，一般有一层半高，对墙体的约束作用相比较而言更弱，因此应该采取更严格的措施。此时顶层楼梯间墙体应从楼梯顶层层间平台板标高算起，也就是一层半高（图 5. 5. 10 - 1b）的墙体都应该执行 7. 3. 8 条第 4 款的要求。对出屋面的楼梯间，也应从顶层层间平台算起，也就是两层半高（图 5. 5. 10 - 1a）的墙体都应该执行 7. 3. 8 条第 4 款的要求。

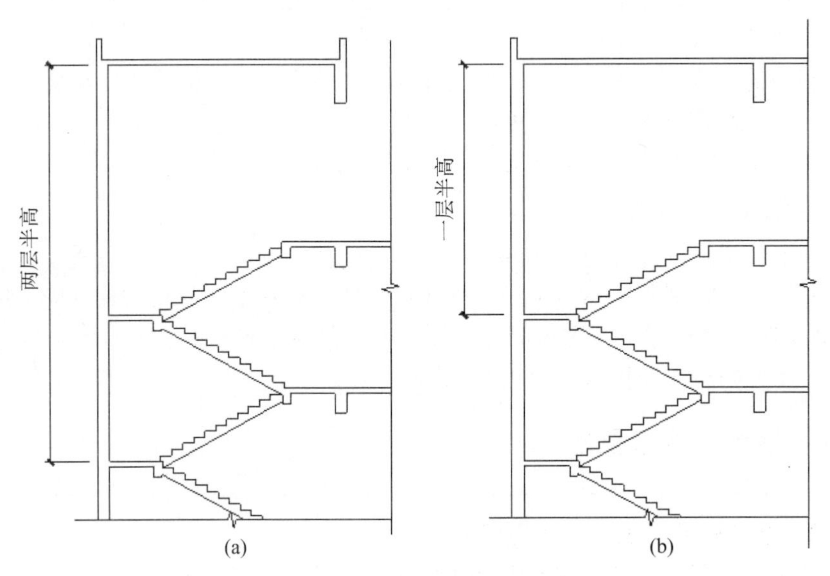

图 5. 5. 10 - 1　楼梯间顶层墙体需加强范围示意图

（a）楼梯间出屋面；（b）楼梯间不出屋面

【实施注意事项】

由于相关规范间的协调与分工的安排，本规范仅提出楼屋盖构造措施的一些原则性要求，实际工程实施时尚应根据现行规范《建筑抗震设计规范》（GB 50011—2010）有关规定采取进一步措施：

（1）注意水平拉结钢筋应通长设置：顶层楼梯间墙体应沿墙高每隔 500mm 设 2φ6 通长钢筋和 φ4 分布短钢筋平面内点焊组成的拉结网片或 φ4 点焊网片；其他各层楼梯间墙体应在休息平台或楼层半高处设置 60mm 厚、纵向钢筋不应少于 2φ10 的钢筋混凝土带或配筋砖带，配筋砖带不少于 3 皮，每皮的配筋不少于 2φ6，砂浆强度等级不应低于 M7. 5 且不低于同层墙体的砂浆强度等级。

（2）注意楼梯间、门厅墙体的局部尺寸，应满足最小支承长度的要求：楼梯间及门厅内墙阳角处的大梁支承长度不应小于 500mm，并应与圈梁连接。

（3）预制构件应慎重，不得采用预制踏步板和无筋砖砌栏杆：装配式楼梯段应与平台板的梁可靠连接，8、9度时不应采用装配式楼梯段；不应采用墙中悬挑式踏步或踏步竖肋插入墙体的楼梯，不应采用无筋砖砌栏板。

（4）特别加强突出屋顶的楼、电梯间：构造柱应伸到顶部，并与顶部圈梁连接，所有墙体应沿墙高每隔500mm设2φ6通长钢筋和φ4分布短筋平面内点焊组成的拉结网片或φ4点焊网片。

5.5.11　材料与施工的补充要求

> 5.5.11　**砌体结构房屋尚应符合下列规定：**
>
> 1　**砌体结构房屋中的构造柱、芯柱、圈梁及其他各类构件的混凝土强度等级不应低于C25。**
>
> 2　**对于砌体抗震墙，其施工应先砌墙后浇构造柱、框架梁柱。**

【编制说明】

本条明确砌体结构中圈梁、构造柱等混凝土构件的最低强度要求及砌体抗震墙的施工顺序。结构材料是影响工程抗震质量的重要因素，为保证工程具备必要的抗震防灾能力，必须对材料的最低性能要求作出强制性规定。另一方面，砌体结构的施工工艺和施工质量是确保工程抗震质量的关键环节，对显著影响工程抗震质量的关键工序作出强制性规定也是必要的。

【实施注意事项】

由于相关规范间的协调与分工的安排，本规范仅提出楼屋盖构造措施的一些原则性要求，实际工程实施时尚应根据现行规范《建筑抗震设计规范》（GB 50011—2010）的有关规定采取进一步措施：

1. 关于砌体材料强度

（1）普通砖和多孔砖的强度等级不应低于MU10，其砌筑砂浆强度等级不应低于M5；混凝土小型空心砌块的强度等级不应低于MU7.5，其砌筑砂浆强度等级不应低于Mb7.5。

（2）构造柱、芯柱、圈梁及其他各类构件的混凝土强度等级不应低于C25。

需要注意的是，规范对砌体结构材料强度等级要求，是材料强度的最低要求，属于强制性要求，不满足时应按工程质量事故对待。

2. 关于构造柱施工顺序

先砌墙后浇灌混凝土，确保不同材料的构件之间连成整体，以提高抗侧力砌体墙的变形能力。作为强条，意在加强对施工质量的监督和控制，实现预期的抗震设防目标。工程实施时，应有明确的措施，确保后浇灌混凝土的密实等质量符合要求，且不致影响先砌筑的墙体自身的垂直度、平整度等施工质量。对于一般的填充墙，不需要先砌墙后浇筑混凝土。本条检查时，可查看施工纪录和施工监理报告。

5.6 木结构房屋

5.6.1 建筑结构布局的基本要求

> 5.6.1 **木结构房屋的建筑结构布置除应符合下列规定：**
>
> 1 **房屋的平面布置应简单规则，不应有平面凹凸或拐角；**
>
> 2 **纵横向围护墙体的布置应均匀对称，上下连续；**
>
> 3 **楼层不应错层；**
>
> 4 **木框架-支撑结构、木框架-抗震墙结构、正交胶合木抗震墙结构中的支撑、抗震墙等构件应沿结构两主轴方向均匀、对称布置。**

【编制说明】

本条明确了木结构房屋布局的基本要求。这些要求属于木结构抗震概念设计的基本原则，对于保障木结构房屋的抗震能力十分重要，提出强制性要求是必要的，也是可行的。改自《建筑抗震设计规范》（GB 50011）第 11 章等。

【实施注意事项】

对于穿斗木构架、木柱木屋架和木柱木梁等传统木结构房屋，除本条的原则性规定外尚须注意以下的要求：

（1）不应采用木柱与砖柱或砖墙等混合承重；山墙应设置端屋架（木梁），不得采用硬山搁檩。

（2）木柱木屋架和穿斗木构架房屋，6～8 度时不宜超过二层，总高度不宜超过 6m；9 度时宜建单层，高度不应超过 3.3m。木柱木梁房屋宜建单层，高度不宜超过 3m。

（3）礼堂、剧院、粮仓等较大跨度的空旷房屋，宜采用四柱落地的三跨木排架。

5.6.2 地震作用计算的补充规定

> 5.6.2 **木结构房屋的地震作用计算应符合下列规定：**
>
> 1 **7 度及以上的大跨度木结构、长悬臂木结构，应计入竖向地震作用。**
>
> 2 **计算多遇地震作用时，应考虑非承重墙体的刚度影响对结构自振周期予以折减。**

【编制说明】

本条明确了木结构房屋地震作用计算的补充规定。地震作用取值时建筑结构抗震设计的重要内容，十分重要，本条在第 4 章的通用规定的基础上，结合木结构的特点做出补充规定，是必要的。

需要说明的是，除上述要求外，尚需注意木结构房屋的阻尼比取值。一般情况下，多遇地震作用验算时，木结构房屋的阻尼比可取 0.03，罕遇地震验算时阻尼比可取 0.05。对于木混合结构，应根据结构的特点采用等效原则计算结构阻尼比或采取较小值。

5.6.3　木结构房屋的构造要求

> 5.6.3　**抗震设防的木结构房屋基本构造应符合下列规定：**
>
> 1　**木柱与屋架（梁）间应采取加强连接的措施，穿斗木构架应在木柱上、下端设置穿枋。**
>
> 2　**斜撑及屋盖支撑与主体构件的连接应采用螺栓连接，椽与檩的搭接处应满钉。**
>
> 3　**围护墙与木柱的拉结应牢固可靠。**

【编制说明】

本条明确了木结构房屋的基本构造要求。木结构各构件、杆件之间的连接或拉结，是保证房屋建筑整体性的关键，也是关系建筑整体地震安全的关键，对此提出强制性要求，是必要的。

【实施注意事项】

对于传统木结构房屋，除本条的强制性要求外，尚需注意以下相关技术要求：

（1）穿斗木构架房屋的横向和纵向均应在木柱的上、下柱端和楼层下部设置穿枋，并应在每一纵向柱列间设置1~2道剪刀撑或斜撑。

（2）木结构房屋的构件连接，应符合下列要求：

①柱顶应有暗榫插入屋架下弦，并用U形铁件连接；8、9度时，柱脚应采用铁件或其他措施与基础锚固。柱础埋入地面以下的深度不应小于200mm。

②斜撑和屋盖支撑结构，均应采用螺栓与主体构件相连接；除穿斗木构件外，其他木构件宜采用螺栓连接。

③椽与檩的搭接处应满钉，以增强屋盖的整体性。木构架中，宜在柱檐口以上沿房屋纵向设置竖向剪刀撑等措施，以增强纵向稳定性。

（3）木柱的梢径不宜小于150mm；应避免在柱的同一高度处纵横向同时开槽，且在柱的同一截面开槽面积不应超过截面总面积的1/2。柱子不能有接头：穿枋应贯通木构架各柱。

（4）木结构房屋的围护墙应符合下列要求：

①围护墙与木柱的拉结要求：沿墙高每隔500mm左右，应采用8号铁丝将墙体内的水平拉接筋或拉结网片与木柱拉结；配筋砖圈梁、配筋砂浆带与木柱应采用$\varphi6$钢筋或8号铁丝拉结。

②土坯围护墙的洞口宽度不应大于1.5m；砖等砌筑的围护墙，横墙和内纵墙上的洞口宽度不宜大于1.5m，外纵墙上的洞口宽度不宜大于1.8m或开间尺寸的一半。

③土坯、砖等砌筑的围护墙不应将木柱完全包裹，应贴砌在木柱外侧。

5.7 土石结构房屋

5.7.1 高度与层数控制

5.7.1 **土、石结构房屋的高度和层数应符合表5.7.1的规定。**

表5.7.1 土、石结构房屋的层数和总高度限值(m)

	烈度和设计基本地震加速度											
	6		7				8				9	
	0.05g		0.10g		0.15g		0.20g		0.30g		0.40g	
	高度	层数	高度	层数	高度	层数	高度	层数	高度	层数	高度	层数
土结构房屋	6	2	6	2	—	—	—	—	—	—	—	—
细、半细料石砌体(无垫片)	16	5	13	4	13	4	10	3	10	3	—	—
粗料石及毛料石砌体(有垫片)	13	4	10	3	10	3	7	2	7	2	—	—

【编制说明】

本条明确了土、石结构总高度和总层数的限制性要求。历次地震灾害经验表明，土、石结构房屋的总高度和总层数是影响其灾害程度的重要因素，本条提出强制性要求，是必要的。本条改自《建筑抗震设计规范》(GB 50011)第11章。

5.7.2 建筑结构布置

5.7.2 **土、石结构房屋的建筑结构布置应符合下列规定：**

1 **房屋的平面布置应简单规则，不应有平面凹凸或拐角；**

2 **纵横向承重墙的布置应均匀对称，上下连续；**

3 **楼层不应错层，不得采用板式单边悬挑楼梯。**

【编制说明】

本条明确土、石结构房屋布局的基本要求。本条属于土、石结构房屋概念设计的基本原则，对于保证房屋的地震安全十分重要，对此做出强制性要求，是必要的，实践表明，也是可行的。改自《建筑抗震设计规范》(GB 50011)第11.1.1条。

5.7.3　墙体材料

> 5.7.3　**生土墙体土料应选用杂质少的黏性土。石材应质地坚实，无风化、剥落和裂纹。**

【编制说明】

本条明确土、石房屋结构材料的基本要求。结构材料的性能是影响其抗震性能的关键因素，土、石结构房屋尤其如此。本条对土料和石材选择的基本原则作出强制性规定，是必要的。本条改自《建筑抗震设计规范》(GB 50011) 第11.1.5条。

5.7.4　生土房屋构造

> 5.7.4　**抗震设防的生土房屋基本构造应符合下列规定：**
>
> 1　**生土房屋的屋盖应采用轻质材料，硬山搁檩的支承处应设置垫木，纵向檩条之间应采取加强连接的措施。**
>
> 2　**内外墙体应同步、分层、交错夯筑或咬砌。**
>
> 3　**外墙四角和内外墙交接处应设置混凝土或木构造柱，并采取加强整体性的拉结措施。**
>
> 4　**应采取措施保证地基基础的稳定性和承载能力。**

【编制说明】

本条明确生土房屋的基本构造要求。生土房屋的屋盖材料、檩条拉结与连接、内外墙和纵横墙的拉结、地基基础的稳定性等是直接决定了此类房屋的抗震性能，本条对此提出强制性要求，十分必要。改自《建筑抗震设计规范》(GB 50011) 第11.2节。

5.7.5　石结构房屋构造

> 5.7.5　**抗震设防的石结构房屋基本构造应符合下列规定：**
>
> 1　**多层石砌体房屋，应采用现浇或装配整体式钢筋混凝土楼、屋盖。**
>
> 2　**多层石砌体房屋的抗震横墙间距，6、7度不应超过10m，8度不应超过7m。**
>
> 3　**多层石砌体房屋应在外墙四角、楼梯间四角和每开间内外墙交接处设置钢筋混凝土构造柱，各楼层处应设置圈梁；圈梁与构造柱应牢固拉结。**
>
> 4　**不应采用石梁、石板作为承重构件。**

【编制说明】

本条明确了石结构房屋的基本构造要求。石结构房屋的楼屋盖整体性、横墙间距、构造柱设置等是影响其抗震性能的关键措施，本条对此类措施要求提出强制性规定是必需的。改自《建筑抗震设计规范》(GB 50011) 第11.4节。

5.8　混合承重结构建筑

5.8.1　钢支撑-混凝土框架结构的整体布局

5.8.1　钢支撑-混凝土框架结构的抗震设计应符合下列规定：

1　楼、屋盖应具有足够的面内刚度和整体性。

2　钢支撑-混凝土框架结构中，含钢支撑的框架应在结构的两个主轴方向均匀、对称设置，避免不合理设置导致结构平面扭转不规则。

【编制说明】

本条明确了钢支撑-混凝土框架结构房屋抗震设计的基本原则，包括楼屋盖等抗震隔板的刚度和整体性要求、钢支撑的布局要求、钢支撑框架的刚度属性要求等，这些要求对于此类房屋的抗震性能至关重要，对于这些原则性要求作出强制性规定是必要的。本条改自《建筑抗震设计规范》(GB 50011—2010) 附录第 G.1.3 条。

5.8.2　钢支撑-混凝土框架结构抗震等级

5.8.2　钢支撑-混凝土框架结构房屋应根据设防类别、设防烈度和房屋高度采用不同的抗震等级，并应符合相应的内力调整和抗震构造要求。

1　一般情况下，丙类建筑的抗震等级应按表 5.8.2 确定。

表 5.8.2　丙类钢支撑-混凝土框架结构房屋的抗震等级

<table>
<tr><th colspan="2" rowspan="2">结构类型</th><th colspan="6">设防烈度</th></tr>
<tr><th colspan="2">6</th><th colspan="2">7</th><th colspan="2">8</th></tr>
<tr><td rowspan="4">钢支撑-混凝土框架结构</td><td>高度(m)</td><td>≤24</td><td>25~100</td><td>≤24</td><td>25~90</td><td>≤24</td><td>25~70</td></tr>
<tr><td>钢支撑框架</td><td>三</td><td>二</td><td>二</td><td>一</td><td>一</td><td>一</td></tr>
<tr><td>混凝土框架</td><td>四</td><td>三</td><td>三</td><td>二</td><td>二</td><td>一</td></tr>
<tr><td>跨度不小于 18m 混凝土框架</td><td colspan="2">三</td><td colspan="2">二</td><td colspan="2">一</td></tr>
</table>

2　甲、乙类建筑的抗震措施应符合本规范第 2.3.2 条的规定。

3　当房屋高度接近或等于表 5.8.2 的高度分界时，应结合房屋不规则程度及场地、地基条件确定抗震等级。

【编制说明】

本条明确了钢支撑-混凝土框架结构房屋抗震等级。抗震等级是钢支撑-混凝土框架结构房屋的重要的设计参数，抗震等级不同，不仅计算时相应的内力调整系数不同，对配筋、配箍、轴压比、剪压比的构造要求也有所不同，体现了不同延性要求和区别对待的设计原则。本条综合考虑设防烈度、设防类别、结构类型和房屋高度4个因素给出抗震等级的基本规定是必要的。改自《建筑抗震设计规范》(GB 50011—2010) 第G.1.2条等。

5.8.3　钢支撑-混凝土框架结构内力调整原则和基本构造要求

5.8.3　钢支撑-混凝土框架结构的抗震应符合下列规定：

1　应考虑钢支撑破坏退出工作后的内力重分布影响。

2　钢支撑应符合本规范第5.3节的相关构造要求；混凝土框架应符合本规范第5.2节的相关构造要求。

【编制说明】

本条明确了钢支撑-混凝土框架结构房屋的内力调整原则和基本构造要求。钢支撑-混凝土框架结构作为一种混合承重结构，其抗侧力体系的工作机理具有明显的特殊性，钢支撑明确属于第一道抗震防线，可能会较早进入屈服工作状态，为了保障此类结构的地震安全，要求采用两种计算模型的较大地震作用进行设计与控制，是十分必要的。本条对这一内力调整的基本原则和基本构造原则作出强制性要求，对于保证此类房屋的地震安全是必要的。本条改自《建筑抗震设计规范》(GB 50011—2010) 第G.1.4条、第G.1.5条、第G.1.6条等。

5.8.4　大跨屋面建筑的结构选型和布置

5.8.4　大跨屋面建筑的结构选型和布置应符合下列规定：

1　屋盖及其支承结构的选型和布置应具有合理的刚度和承载力分布，不应出现局部削弱或突变，形成薄弱部位。应能保证地震作用分布合理，不应产生过大的内力或变形集中。

2　屋盖结构的形式应同时保证各向地震作用能有效传递到下部支承结构。

3　单向传力体系的结构布置，应设置可靠的支撑，保证垂直于主结构方向的水平地震作用的有效传递。

【编制说明】

本条明确了大跨屋盖建筑的结构选型和布置基本原则。改自《建筑抗震设计规范》(GB 50011—2010) 第10.2.2条、第10.2.3条。

绝大多数常用大跨屋盖结构通常具有优良的抗震性能。6、7度时，按非抗震满应力设计确定构件截面的结构，不仅可以满足“小震不坏”(小震弹性验算)，大多数情况甚至可以满足“中震不坏”。“大震不倒”的设防水准也容易达到。8度时，地震作用虽会对中、大跨度（60m以上）的屋盖结构的构件截面设计起控制作用，但也并非起绝对控制作用。在中震作用下，结构虽会出现一定的塑性变形，但并不会对结构性能造成明显影响。除屋盖结构或下部结构布置非常不规则以外，8度时屋盖结构一般都容易满足“大震不倒”的要求。因此，做好大跨屋盖结构的抗震设计的原则和措施并不复杂，确保结构地震作用分布合理、传力途径明确也是重要的原则。

5.8.5 大跨屋盖结构地震作用计算的专门规定

5.8.5 大跨屋盖结构的地震作用计算，除应符合本规范第 4 章的有关规定外，尚应符合下列规定：

1 计算模型应计入屋盖结构与下部结构的协同作用。

2 非单向传力体系的大跨屋盖结构，应采用空间结构模型计算，并应考虑地震作用三向分量的组合效应。

【编制说明】

本条明确了大跨屋盖结构地震作用计算的基本原则。屋盖结构自身的地震效应是与下部结构协同工作的结果。由于下部结构的竖向刚度一般较大，以往在屋盖结构的竖向地震作用计算时通常习惯于仅单独以屋盖结构作为分析模型。但研究表明，不考虑屋盖结构与下部结构的协同工作，会对屋盖结构的地震作用，特别是水平地震作用计算产生显著影响，甚至得出错误结果。即便在竖向地震作用计算时，当下部结构给屋盖提供的竖向刚度较弱或分布不均匀时，仅按屋盖结构模型所计算的结果也会产生较大的误差。因此，考虑上下部结构的协同作用是屋盖结构地震作用计算的基本原则。考虑上下部结构协同工作的最合理方法是按整体结构模型进行地震作用计算。因此，对于不规则的结构，抗震计算应采用整体结构模型。当下部结构比较规则时，也可以采用一些简化方法（譬如等效为支座弹性约束）来计入下部结构的影响。但是，这种简化必须依据可靠且符合动力学原理。对于单向传力体系，结构的抗侧力构件通常是明确的。桁架构件抵抗其面内的水平地震作用和竖向地震作用，垂直桁架方向的水平地震作用则由屋盖支撑承担。因此，可针对各向抗侧力构件分别进行地震作用计算。除单向传力体系外，一般屋盖结构的构件难以明确划分为沿某个方向的抗侧力构件，即构件的地震效应往往是三向地震共同作用的结果，因此其构件验算应考虑三向（两个水平向和竖向）地震作用效应的组合。为了准确计算结构的地震作用，也应该采用空间模型。这也是基本原则。

5.8.6 屋盖构件抗震验算的补充规定

5.8.6 屋盖构件截面抗震验算除应符合本规范第 4.3 节的有关规定外，尚应符合下列规定：

1 关键杆件和关键节点应具有足够的抗震承载力储备，其多遇地震组合内力设计值应根据设防烈度的高低进行放大调整，调整系数最小不得小于 1.1；

2 预张拉结构中的拉索，在多遇地震作用下，应保证拉索不发生松弛而退出工作。

【编制说明】

本条明确了大跨屋盖建筑的内力调整原则。改自《建筑抗震设计规范》（GB 50011—2010）第 10.2.12 条。拉索是预张拉结构的重要构件。在多遇地震作用下，应保证拉索不发生松弛而退出工作。在设防烈度下，也宜保证拉索在各地震作用参与的工况组合下不出现松弛。

本条第1款中的关键杆件和关键节点，是指下列杆件和节点：

（1）对空间传力体系，关键杆件系指支座临近区域的弦杆和腹杆，支座临近区域取与支座相邻的2个区（网）格和1/10跨度两者的较小值；

（2）对于单向传力体系，关键构件系指与支座直接相邻节间的弦杆和腹杆；

（3）关键节点系指与关键构件连接的节点。

5.8.7　大跨屋盖结构的基本构造

5.8.7　大跨屋盖结构的抗震基本构造设计应符合下列规定：

1　屋盖结构中钢杆件的长细比，关键受压杆件不得大于150；关键受拉杆件不得大于200。

2　支座应具有足够的强度和刚度，在荷载作用下不应先于杆件和其他节点破坏，也不应产生不可忽略的变形。

3　支座构造形式应传力可靠、连接简单，与计算假定相符。

4　对于水平可滑动的支座，应采取可靠措施保证屋盖在罕遇地震下的滑移不超出支承面。

【编制说明】

本条明确了大跨屋盖结构的基本构造要求。改自《建筑抗震设计规范》（GB 50011—2010）第10.3节。支座节点往往是地震破坏的部位，也起到将地震作用传递给下部结构的重要作用。此外，支座节点在超过设防烈度的地震作用下，应有一定的抗变形能力。但对于水平可滑动的支座节点，较难得到保证。因此建议按设防烈度计算值作为可滑动支座的位移限值（确定支承面的大小），在罕遇地震作用下采用限位措施确保不致滑移出支承面。

第 6 章　市政工程抗震措施

6.1　城镇桥梁

6.1.1、6.1.2　抗震设计类别及要求

6.1.1　城市桥梁的抗震设计类别应根据抗震设防烈度和所属的抗震设防类别按表 6.1.1 选用。

表 6.1.1　城市桥梁抗震设计类别

抗震设防烈度	抗震设防类别		
	乙	丙	丁
6 度	B	C	C
7 度及以上	A	A	B

6.1.2　按照本规范第 6.1.1 条的分类，城市桥梁抗震设计应符合下列规定：

1　A 类城市桥梁，应进行多遇和罕遇地震作用下的抗震分析和抗震验算，并应满足相关抗震措施的要求；

2　B 类城市桥梁，应进行多遇地震作用下的抗震分析和抗震验算，并应满足相关抗震措施的要求；

3　C 类城市桥梁，允许不进行抗震分析和抗震验算，但应满足相关抗震措施的要求。

【编制说明】

明确城市桥梁抗震设计方法选用的基本原则，对桥梁抗震设计类别进行分类，并对各类设计方法的原则性要求作出强制性规定，对于指导桥梁设计实践和保障工程抗震质量安全是必要的。引自《城市桥梁抗震设计规范》（CJJ 166—2011）第 3.3.2 条。

参考国内外相关桥梁抗震设计规范，对于位于 6 度地区的普通桥梁，只需满足相关构造和抗震措施要求，不需进行抗震分析，本规范称此类桥梁抗震设计方法为 C 类；

对于位于 6 度地区的乙类桥梁，7、8 和 9 度地区的丁类桥梁，仅要求进行多遇地震作用下的抗震计算，并满足相关构造要求，这类抗震设计方法为 B 类；

对于7度及7度以上的乙和丙类桥梁，要求进行多遇地震和罕遇地震的抗震分析和验算，并满足结构抗震体系以及相关构造和抗震措施要求，此类抗震设计方法为A类。

6.1.3　桥梁抗震分析方法

6.1.3　城市桥梁应根据其地震响应的复杂程度分为规则和非规则两类，城市桥梁的抗震分析方法应根据其抗震设计类别、规则性以及地震作用水准按表6.1.3选用。

表6.1.3　桥梁抗震分析方法

地震作用水准	抗震设计类别			
	A类		B类	
	规则	非规则	规则	非规则
多遇地震作用	单振型反应谱法 多振型反应谱法	多振型反应谱法 时程分析法	单振型反应谱法 多振型反应谱法	振型反应谱法 时程分析法
罕遇地震作用	单振型反应谱法 多振型反应谱法	多振型反应谱法 时程分析法	—	—

【编制说明】

本条明确桥梁抗震分析方法选择的原则，对桥梁结构抗震分析方法的选择原则作出强制规定，对于指导工程设计实践和保障工程设计质量，十分必要。改自《城市桥梁抗震设计规范》（CJJ 166—2011）第6.1.3条。

为了简化桥梁结构的动力响应计算及抗震设计和校核，根据梁桥结构在地震作用下动力响应的复杂程度分为两大类，即规则桥梁和非规则桥梁。规则桥梁地震反应以一阶振型为主，因此可以采用简化计算公式进行分析，对于非规则桥梁，由于其动力响应特性复杂，采用简化计算方法不能很好地把握其动力响应特性，因此要求采用比较复杂的分析方法来确保其在实际地震作用下的性能满足设计要求。

6.1.4　能力保护构件的设计要求

6.1.4　城市桥梁结构能力保护构件的地震组合内力设计值确定应符合下列规定：

1　当罕遇地震作用下结构未进入塑性工作范围时，墩柱的组合剪力设计值、基础和盖梁的组合内力设计值，应采用罕遇地震的计算结果按本规范第4.3.2条的规定确定。

2　对抗震设计类别为A类、且弹塑性变形、耗能部位位于桥墩的城市桥梁，其盖梁、基础、支座和墩柱的剪力设计值应根据墩柱塑性铰区域横截面的极限抗弯承载力按能力保护设计方法确定。

【编制说明】

本条规定城市桥梁结构能力保护构件的地震组合内力设计值确定。在罕遇地震截面尺寸较大的桥墩可能不会发生屈服，采用能力保护方法计算过于保守，允许直接采用罕遇地震作用下的计算结果进行内力组合。对于抗震设计类别为 A 类、且抗震体系类型为 I 类的桥梁，剪切破坏属于脆性破坏，是一种危险的破坏模式，对于抗震结构来说，墩柱剪切破坏还会大大降低结构的延性能力，因此，为了保证钢筋混凝土墩柱不发生剪切破坏，应采用能力保护设计方法进行延性墩柱的抗剪设计。

本条对桥梁结构能力保护构件组合内力设计值取值的基本原则作出强制性规定，对于保障桥梁结构安全至关重要，是必要的。改自《城市桥梁抗震设计规范》(CJJ 166—2011) 第 6.6.1 和第 6.6.2 条。

6.1.5、6.1.6 墩柱箍筋的配置要求

6.1.5 7 度及以上地区，城市桥梁墩柱潜在塑性铰区的箍筋应加密配置，并应满足下列规定：

1 加密区范围，应由最大组合弯矩所在截面处算起，长度不应小于弯曲方向墩柱截面边长，且加密区边缘截面的组合弯矩不应大于 0.8 倍最大组合弯矩；当墩柱高度与弯曲方向截面边长之比小于 2.5 时，柱加密区范围应取墩柱全高。

2 加密区的最小体积配箍率 ρ_{smin}，7、8 度时应符合下式规定，9 度时尚应乘以不小于 1.2 的放大系数，且均不得小于 0.4%：

$$\rho_{smin}=\begin{cases}1.52[0.14\eta_k+5.84(\eta_k-0.1)(\rho_t-0.01)+0.028]\dfrac{f_{cd}}{f_{yh}} & \text{圆形截面}\\ 1.52[0.10\eta_k+4.17(\eta_k-0.1)(\rho_t-0.01)+0.020]\dfrac{f_{cd}}{f_{yh}} & \text{矩形截面}\end{cases} \tag{6.1.5}$$

式中 η_k——轴压比，指结构的最不利组合轴向压力与柱的全截面面积和混凝土轴心抗压强度设计值乘积之比值；

ρ_t——纵向配筋率；

f_{yh}——箍筋抗拉强度设计值 (MPa)；

f_{cd}——混凝土轴心抗压强度设计值 (MPa)。

3 加密区的箍筋，直径不应小于 10mm，间距不应大于 100mm 或 6 倍纵筋的直径或墩柱弯曲方向的截面边长的 1/4。

4 螺旋箍筋的接头必须采用对接焊，矩形箍筋应有 135°弯钩，且伸入核心混凝土的长度不得小于 6 倍箍筋直径。

6.1.6 城市桥梁墩柱的箍筋非加密区的体积配箍率不应少于加密区的 50%。

【编制说明】

这两条规定了墩柱箍筋的配置要求。横向钢筋在桥墩柱中的功能主要有以下三个方面：①用于约束塑性铰区域内混凝土，提高混凝土的抗压强度和延性；②提供抗剪能力；③防止纵向钢筋压屈。

在处理横向钢筋的细部构造时需特别注意。由于表层混凝土保护层不受横向钢筋约束，在地震作用下会剥落，这层混凝土不能为横向钢筋提供锚固。因此，所有箍筋都应采用等强度焊接来闭合或者在端部弯过纵向钢筋到混凝土核 心内，角度至少为 135°。本条加密区的体积配箍率要求，是在 CJJ 166—2011 的基础上，经参数调整而得，即将原公式中的材料标准强度均替换为设计强度，二者要求是一致的。

本条对墩柱箍筋的配置要求提出强制性规定，是必要的，是在《城市桥梁抗震设计规范》（CJJ 166—2011）的强制性条文第 8. 1. 1 条的基础上，合并考虑第 8. 1. 2 条、8. 1. 3 条整合而得。

6. 1. 7　防落梁要求

> 6. 1. 7　**城市桥梁结构应采用有效的防坠落措施，且梁端至墩、台帽或盖梁边缘的搭接长度，6 度不应小于（400+0. 005L）mm，7 度及以上，不应小于（700+0. 005L）mm，其中，L 为梁的计算跨径（单位，mm）。**

【编制说明】

本条明确了桥梁的防落要求及墩梁间搭接长度规定。由于工程场地可能遭受地震的不确定性，以及人们对桥梁结构地震破坏机理的认识尚不完备，因此桥梁抗震实际上还不能完全依靠定量的计算方法。实际上，历次大地震的震害表明，一些从震害经验中总结出来或经过基本力学概念启示得到的一些构造措施被证明可以有效地减轻桥梁的震害。如主梁与主梁或主梁与墩之间适当的连接措施可以防止落梁，这些构造措施不应影响桥梁的正常使用功能，不应妨碍减隔震、耗能装置发挥作用，但对保障桥梁结构安全非常重要和必要。改自《城市桥梁抗震设计规范》（CJJ 166—2011）第 11. 1. 1 条、第 11. 2. 1 条和 11. 3. 2 条。

6. 1. 8　抗震措施的反馈控制

> 6. 1. 8　**城市桥梁抗震措施的使用不应导致主要构件地震反应发生重大改变，否则，抗震分析时应考虑抗震措施与主要构件的相互影响。**

【编制说明】

本条明确了桥梁抗震措施对主要构件地震反应影响的控制原则。如构造措施的使用导致桥梁地震响应定量计算的结果有较大的改变，导致定量计算结果失效，在进行抗震分析时，应考虑抗震措施的影响，抗震措施应根据其受到的地震力进行设计。本条对桥梁抗震措施与地震内力之间相互影响的原则性要求提出强制性规定，是非常必要的。引自《城市桥梁抗震设计规范》(CJJ 166—2011) 第 11.1.2 条。

6.2 城乡给水排水和燃气热力工程

6.2.1 材性指标与非结构抗震要求

6.2.1 城乡给水、排水和燃气、热力工程应符合下列规定:

1 地下或半地下砌体结构，砖砌体强度等级不应低于 MU10，块石砌体强度等级不应低于 MU20；砌筑砂浆应采用水泥砂浆，强度等级不应低于 M7.5。

2 盛水构筑物和地下管道的混凝土强度等级不应低于 C25；构造柱、芯柱、圈梁及其他各类构件的混凝土强度等级不应低于 C20。

3 用于燃气工程储气结构的钢材，应保证冷弯检验合格；燃气、热力工程中的结构用钢，不得采用 Q235A 级钢材。

4 各类构筑物的非结构构件和附属设备，其自身及其与结构主体的连接，应进行抗震设计。

【编制说明】

本条文重点强调了城乡给水排水和燃气热力工程中关键构筑物的材料性能指标要求和非结构构件的抗震设防要求。结构材料是影响工程抗震质量的重要因素，为保证工程具备必要的抗震防灾能力，必须对材料的最低性能要求作出强制性规定。另一方面，各类构筑物的非结构构件，如：给水排水厂站中污水处理池、净水厂中清水池的导流墙、泵房内的布水墙、设备支承墙、托架、吊架等，此类构件虽不参与构筑物的结构抗震，但其地震破坏的后果非常严重，直接关系到相关系统的使用功能能否继续，因此，对此类构件根据其具体功能提出抗震设计的强制性要求，十分必要。改自《室外给水排水和燃气热力工程抗震设计规范》(GB 50032—2003) 第 3.5.1 条、第 3.6.2 条 (强条)、第 3.6.3 条 (强条) 和《建筑抗震设计规范》(GB 50011—2010) 第 3.7.1 条 (强条)。

6.2.2 盛水构筑物的防震缝要求

6.2.2 盛水构筑物的防震缝宽度不得小于 30mm。当缝两侧结构在多遇地震最大变形值超过 10mm，应适当加宽，同时应明确止水带相应的技术要求。彼此贴建，且各自独立工作的双墙水池，其防震缝宽度不应小于单侧挡水墙多遇地震最大位移的 2 倍，且不得小于 50mm。

【编制说明】

实际工程设计中盛水构筑物变形缝宽度一般为 30mm。经过几次大的地震实际检验，可以认为目前的变形缝构造对常规的地下或半地下盛水构筑物能够满足性能要求。但对一些超常规的地上式盛水构筑物，尤其池深较大或变形缝两侧结构抗侧刚度存在较大差异，当其遭遇大震情况时，有个别案例出现防震缝两侧混凝土有局部挤压的情况，这说明防震缝宽度可能偏小。盛水构筑物的变形缝宽度的改变是一个系统问题，涉及材料、止水带产品以及工程设计与施工等多个方面，不可能只靠工程标准解决问题。故本次修订补充了防震缝的宽度规定，并对超常规盛水构筑物的防震缝设计增加变形分析，以此作为附加措施。对于两池或多池并行贴建情况即所谓双挡水墙结构形式，此条文是针对双墙等高的情况，当两侧池墙不同高时，可取较低一侧池墙顶部的计算位移值。因水池结构抗震只考虑第一振型影响，故双墙在地震时并不产生相向位移，此规定旨在双墙结构处于各种工况条件下均不发生触碰；若采用双墙有条件共构设计即协同受力时，其变形缝构造不在此规定的范围之内。

6.2.3　附属单层建筑的抗震等级

6.2.3　城镇给水、排水和燃气、热力工程中单层现浇混凝土结构的抗震等级不得低于表6.2.3的规定。

表6.2.3　单层混凝土结构的抗震等级

<table>
<tr><th colspan="3" rowspan="2">结构类型</th><th colspan="7">设防烈度</th></tr>
<tr><th colspan="2">6</th><th colspan="2">7</th><th colspan="2">8</th><th>9</th></tr>
<tr><td rowspan="5">单层框架结构</td><td colspan="2">高度(m)</td><td>≤12</td><td>>12</td><td>≤12</td><td>>12</td><td>≤12</td><td>>12</td><td>≤12</td></tr>
<tr><td rowspan="2">框架</td><td>乙类</td><td>四</td><td>三</td><td>三</td><td>二</td><td>二</td><td>一</td><td>一</td></tr>
<tr><td>丙类</td><td>四</td><td>四</td><td>四</td><td>三</td><td>三</td><td>二</td><td>二</td></tr>
<tr><td rowspan="2">跨度不小于18m的框架</td><td>乙类</td><td colspan="2">二</td><td colspan="2">一</td><td colspan="2">一</td><td>一</td></tr>
<tr><td>丙类</td><td colspan="2">三</td><td colspan="2">二</td><td colspan="2">一</td><td>一</td></tr>
<tr><td colspan="2" rowspan="2">单层排架结构</td><td>乙类</td><td colspan="2">三</td><td colspan="2">二</td><td colspan="2">一</td><td>一</td></tr>
<tr><td>丙类</td><td colspan="2">四</td><td colspan="2">三</td><td colspan="2">二</td><td>一</td></tr>
<tr><td colspan="2" rowspan="2">钢筋混凝土构筑物、管道</td><td>乙类</td><td colspan="2">三</td><td colspan="2">三</td><td colspan="2">二</td><td>二</td></tr>
<tr><td>丙类</td><td colspan="2">四</td><td colspan="2">四</td><td colspan="2">三</td><td>三</td></tr>
</table>

【编制说明】

给水排水、燃气热力场站工程中的附属单层建筑，如：输配水泵房、设备机房、配电室、备品备件仓库等，常采用单层单跨的框架结构、框排架结构、排架结构。《建筑抗震设计规范》（GB 50011—2010）并没有针对单层框架、框排架结构的抗震构造及措施，在以往的工程设计中，设计人基本是套用多层对应结构的抗震构造及措施。由于给水排水、燃气热力场站工程中的单层框架绝大部分框架柱的轴压比都很低，几乎没有有超过0.15的情况（从实际工程设计调查看绝大多数在0.1附近且结构自振周期也较短），故而导致这种对相关规范抗震措施“简单借用”的设计做法存在明显的不合理，这种不合理，在汶川地震中都有很明确的体现，这显然有悖于延性抗震的基本理念和三阶段抗震设防准则；另一方面，在施工图设计审查中由于没有准确的依据，审图单位往往也难以把握，经常为某些具体条款的执行，设计方与审查方产生意见歧异。为此，北京市市政工程设计研究总院有限公司与北京工业大学合作，自 2016 年初开始历经约 10 个月的时间，对此进行了专项研究。课题组通过有限元模拟分析及 2∶1 缩尺混凝土框架实体模型的推覆实验并得出相应结论，即在同等地震效应作用工况下，作为上述单层结构的抗震构造和抗震措施可以在同类型多层建筑结构的抗震构造和抗震措施的基础上适当降低。

6.2.4 抗震验算的专门规定

6.2.4 城乡给水、排水和燃气、热力工程中各类结构的抗震验算应符合下列规定：

1 各类建筑物、构筑物的结构构件应按本规范第 4 章的相关规定进行截面抗震强度验算。

2 承插式连接埋地管道或预制拼装结构应进行抗震变位验算，并应符合下式规定：

$$\gamma_{Eh}\Delta_{plk} \leqslant \lambda_c \sum_{i=1}^{n} [u_a]_i \tag{6.2.4-1}$$

式中 Δ_{plk}——剪切波行进中引起半个视波长范围内管道沿管轴向的位移量标准值；

γ_{Eh}——水平向地震作用分项系数，应取 1.40；

$[u_a]_i$——管道 i 种接头方式的单个接头设计允许位移量；

λ_c——半个视波长范围内管道接头协同工作系数，应取 0.64；

n——半个视波长范围内，管道的接头总数。

3 7 度及 7 度以上的整体连接埋地管道应进行截面应变量验算，并应符合下式规定：

$$S \leqslant \frac{[\varepsilon_{ak}]}{\gamma_{PRE}} \tag{6.2.4-2}$$

$$S = \gamma_G S_G + \gamma_{Eh} S_{Ek} + \psi_t \gamma_t C_t \Delta_{tk} \tag{6.2.4-3}$$

式中 S_G——重力荷载的作用标准值效应；

S_{Ek}——地震作用标准值效应；

$[\varepsilon_{ak}]$——不同材质管道的容许应变量标准值；

γ_G——重力荷载分项系数，一般情况应采用 1.3，当重力荷载效应对构件承载能力有利时，不应大于 1.0；

γ_{Eh}——水平向地震作用分项系数，应取 1.40；

γ_{PRE}——埋地管道抗震调整系数，应取0.90；

Δ_{tk}——温度作用标准值；

C_t——温度作用效应系数；

γ_t——温度作用分项系数，取1.5；

ψ_t——温度作用组合系数，取0.65。

4　对污泥消化池、挡墙式结构等，尚应进行罕遇地震下的抗倾覆、抗滑移等整体稳定性验算。

【编制说明】

本条明确了给水排水、燃气热力场站工程结构构件抗震验算的基本规定。抗震验算是工程结构抗震设计的关键环节，本条在第4章的通用规定的基础上，针对市政工程的特点，专门补充了各类管道结构抗震验算的强制性要求，是必要的。改自《室外给水排水和燃气热力工程抗震设计规范》（GB 50032—2003）第5.5.2条（强条）、第5.5.3条（强条）、第5.5.4条（强条）。

6.2.5　储气柜的抗震基本要求

6.2.5　燃气工程中的储气柜应符合下列规定：

1　7度及7度以上地区，储气柜的高径比不应超过表6.2.5规定.

表6.2.5　储气柜高径比

类型	低压湿式储气柜	橡胶膜密封储气柜	稀油密封储气柜
高径比	≤1.2	≤1.3（1.6）	≤1.7

2　与储气柜相连的进出口燃气管，应设置弯管补偿器或采取其他柔性连接措施。

【编制说明】

本条明确了燃气工程中储气柜的抗震基本要求。实际地震震害及试验研究表明，储气柜的高径比是影响其抗震性能的关键指标，本条对此提出强制性要求是必要的，也是可行的。

6.2.6　管道及其连接的材料专门要求

6.2.6　城乡给水、排水和燃气热力工程中，管道及其连接的材料尚应符合下列规定：

1　输送水、气或热力的有压管道，其管材的材质应具有较好的延性。

2　地下直埋热力管道与其外护层、外保温应具有良好的整体性。

3　热力管道应采用钢制附件。

【编制说明】

本条明确了给水排水和燃气热力工程中管道及其连接材料的基本要求。改自《室外给水排水和燃气热力工程抗震设计规范》(GB 50032—2003) 第 10.3.1 条、第 10.3.2 条、第 10.3.9 条。

热力管道输送介质为高温高压热水或蒸汽，正常运行期间材料可能进入塑性状态，因此，对材料延性同样有严格要求。

根据震害资料，直埋热力管道保温层的地震破坏主要发生在老旧管网，主要是早些年受条件限制，采用的是预制保温块直接包裹管道并缠绕固定方式，保温结构的整体性很差，在地震中容易发生破坏。而直埋管道保温结构的震后修复，必然涉及长距离、大范围开槽施工，其实施难度和工作量都很大，因此，对外保温的整体性作出强制性要求是必要的。管道附件，主要包括阀门、管道三通、变径、弯头等。其中热力管道三通、变径、弯头早已采用钢制；原专业规范里面所述的球墨铸铁、铸钢材料，主要是针对阀门。新颁布的国标《压力管道规范 公用管道》(GB 38942—2020)、修订中的行标《城镇供热管网设计标准》(CJJ34) 报批稿都已经明确，蒸汽管道及热水管道均应采用钢制阀门，且不限于干、支线，不限于是否为地震区，因此，本条对此提出强制性要求，是合适可行的。

6.2.7 砖砌体矩形管道的基本要求

6.2.7 采用砖砌体混合结构的矩形管道应符合下列规定：

1 钢筋混凝土盖板与侧墙应有可靠连接。7、8 度Ⅲ、Ⅳ类场地时，预制装配顶盖不应采用梁板结构 (不含钢筋混凝土槽形板结构)。

2 基础应采用整体底板。8 度Ⅲ、Ⅳ类场地或 9 度时，底板应为钢筋混凝土结构。

【编制说明】

本条明确了矩形管道应的抗震基本要求。改自《室外给水排水和燃气热力工程抗震设计规范》(GB 50032—2003) 第 10.3.4 条。

6.2.8~6.2.12 各类管道的基本构造措施

6.2.8 城镇给水排水和燃气热力工程中，直埋承插式圆形管道和矩形管道，在下列部位应设置柔性连接接头或变形缝：

1 穿越铁路及其他重要的交通干线两端；

2 承插式管道的三通、四通、大于 45°的弯头等附件与直线管段连接处，且附件支墩按柔性连接的受力条件进行设计。

6.2.9 城镇给水排水和燃气热力工程中，管道穿过建 (构) 筑物的墙体或基础时，应符合下列规定：

1 在穿管的墙体或基础上应设置套管，穿管与套管之间的间隙应用柔性防腐、防水材料密封；

2　当穿越的管道与墙体或基础嵌固时，应在穿越的管道上就近设置柔性连接装置。

6.2.10　城镇给水排水和燃气热力工程中，输水、输气等埋地管道穿越活动断裂带时，应采取下列措施：

1　管道应敷设在套管内，管道与套管之间的间隙应用柔性防腐、防水材料密封；套管周围应填充干砂；

2　管道及套筒应采用钢管；

3　断裂带两侧的管道上，应在适当位置设置紧急关断阀门。

6.2.11　燃气厂及储配站的出口处，均应设置紧急关断阀门。

6.2.12　管网上的阀门均应设置阀门井。

【编制说明】

这几条明确了给水排水和燃气热力工程中各类管道的基本构造措施。改自《室外给水排水和燃气热力工程抗震设计规范》（GB 50032—2003）第10.3.6条、第10.3.8条、第10.3.10条、第10.3.11条、第10.3.14条等。

6.2.13　滑动支架的侧向挡板要求

6.2.13　架空管道的滑动支架应设置侧向挡板，挡板应与管道支架协同设计，地震作用不应小于管道支座横向水平地震作用标准值的75%。

【编制说明】

作为滑动支座侧向挡板除在正常运行时可以间接或直接起到导向作用外，在地震时具有防止架空管道坠落的功能，因此对其受力有一定要求，具体设计可参照本规范有关非结构构件抗震设计规定执行。改自《室外给水排水和燃气热力工程抗震设计规范》（GB 50032—2003）第10.3.13条等。

6.3　地下工程结构

6.3.1　地下工程的结构布局要求

6.3.1　地下工程的总体布置应力求简单、对称、规则、平顺。结构体系应根据使用要求、场地工程地质条件和施工方法等确定，并应具有良好的整体性，避免抗侧力结构的侧向刚度和承载力突变。出入口通道两侧的边坡和洞口仰坡，应依据地形、地质条件选用合理的口部结构类型，提高其抗震稳定性。

【编制说明】

本条明确了地下工程布局的基本要求。对称、规则并具有良好的整体性，及结构的侧向刚度宜自下而上逐渐减小等是抗震结构建筑布置的常见要求。区别在于，与地面建筑结构相比较，地下建筑结构尤应力求体型简单，纵向、横向外形平顺，断面形状、构件组成和尺寸不沿纵向经常变化，使其抗震能力提高。口部结构往往是岩石地下建筑抗震能力薄弱的部位，而洞口的地形、地质条件则对口部结构的抗震稳定性有直接的影响，故应特别注意洞口位置和口部结构类型的选择的合理性。本条改自《建筑抗震设计规范》（GB 50011—2010）第 14. 1. 3 条、14. 1. 5 条的条文及说明。

6. 3. 2　地下工程结构的抗震等级

6. 3. 2　**丙类钢筋混凝土地下结构的抗震等级，6、7 度时不应低于四级，8、9 度时不应低于三级。甲乙类钢筋混凝土地下结构的抗震等级，6、7 度时不应低于三级，8、9 度时不应低于二级。**

【编制说明】

本条明确了钢筋混凝土地下工程结构的抗震等级。鉴于以往并未对地下钢筋混凝土建筑结构开展抗震等级的研究，本条主要根据积累的经验并参照地面建筑的规定提出具体建议，相关要求略高于高层建筑地下室，这是由于：高层建筑地下室使用功能的重要性与地面建筑相同，楼房倒塌后地下室一般即弃之不用，单建式地下建筑则在附近房屋倒塌后仍常有继续服役的必要，其使用功能的重要性常高于高层建筑地下室；地下结构一般不宜带缝工作，尤其是在地下水位较高的场合，其抗震设计要求应高于地面建筑；地下空间通常是不可再生的资源，损坏后一般不能推倒重来，而要求原地修复，难度较大，抗震设防要求应高于地面建筑。本条改自《建筑抗震设计规范》（GB 50011—2010）第 14. 1. 4 条及条文说明。

6. 3. 3　地震响应分析的范围

6. 3. 3　**除下列情况外，地下工程均应进行地震响应分析：**

1　**6、7 度设防时位于Ⅰ、Ⅱ场地中的丙类、丁类地下工程。**

2　**8 度（0. 20g）设防时位于Ⅰ、Ⅱ类场地、层数不超过二层、体型规则且跨度不超过 18m 的丙类和丁类地下工程。**

【编制说明】

本条明确了地下工程地震响应分析的范围。根据以往的工程经验和震害调查资料，地下工程与地面建筑在地震作用下的振动响应有很大的不同。其主要原因在于，地面建筑的自振特性，如质量、刚度等对结构地震响应影响很大，而地下工程受周围岩土介质的约束作用，结构的动力响应一般不能充分表现出自振特性的影响，通常是地震下的土体变形或应变以及土-结作用起主要作用。因此，地下工程的地震响应是极为复杂的，为了确保强烈地震时地下工程的安全性与可靠性，要求地下工程进行地震响应分析是必要的。另一方面，根据我国唐山（1976）和日本阪神（1995）等大地震中地下工程的震害资料，对于遭遇烈度较低、且地质条件较好的地下工程，采取合适的抗震措施后，其抗震能力是能够满足预期设防目标的要求的。因此，对于6、7度设防时位于Ⅰ、Ⅱ场地中的丙类、丁类地下工程、以及8度（0.20g）设防时位于Ⅰ、Ⅱ类场地、层数不超过二层、体型规则且跨度不超过18m的丙类和丁类地下工程，允许不进行地震响应分析。本条改自《建筑抗震设计规范》（GB 50011—2010）第14.2.1条的条文及条文说明。

6.3.4　分析模型的基本要求

> 6.3.4　**地下工程的地震响应分析模型，应能反映周围挡土结构和内部各构件的实际受力状况。对于周围地层分布均匀、规则且具有对称轴的长线型地下工程，允许采用平面应变分析模型；其他情况，应采用空间结构分析模型。**

【编制说明】

本条明确了地下工程地震响应分析模型的基本要求。结构型式、土层和荷载分布的规则性对结构的地震反应都有影响，体型复杂的地下结构其地震反应将有明显的空间效应，因此，对于体型复杂的地下工程，适用于平面应变问题分析的反应位移法、等效水平地震加速度法和等效侧力法等已不适用，必须采用具有普遍适用性的空间结构分析计算模型并采用土层-结构时程分析法计算设防地震和罕遇地震作用下的地震响应。体型复杂的地下工程指：长宽比和高宽比均小于3的地下工程，开洞面积较大的地下工程，以及除了“周围地层分布均匀、规则且具有对称轴的纵向较长的地下工程”以外的地下工程。地下工程层数不多，平面面积则较大，地层岩性随平面尺度增加而变化的几率大。建筑面积越大的地下工程，存在不连续（如开洞）情况的几率大大增加，同时，结构竖向地震响应可能会增强。当前，城市地下空间开发已经进入快速发展阶段，涌现越来越多的大面积地下工程。如上海市后世博超高层建筑群地下大空间综合体，一个片区地下工程面积就高达$45\times10^4m^2$；再如上海港汇广场三层地下室和临港新城复杂地下大空间综合体。对于诸如此类面积较大的地下工程，鉴于其重要性和安全性，均必须采用空间结构分析计算模型并采用土层-结构时程分析法计算设防地震和罕遇地震作用下的地震响应。本条参考《建筑抗震设计规范》（GB 50011—2010）第14.2.3条的条文及条文说明。

6.3.5　计算参数取值的基本要求

> 6.3.5　**地下工程进行地震响应分析时，各设计参数应符合下列规定：**
>
> 1　**对于采用平面应变分析模型的地下结构，允许仅计算横向水平地震作用；**
>
> 2　**对采用空间结构分析模型的地下工程，应同时计算横向和纵向水平地震作用；**
>
> 3　**采用土层-结构时程分析法或等效水平地震加速度法时，土、岩石的动力特性参数应符合工程实际情况。**

【编制说明】

本条明确了地下工程地震响应分析时参数取值的基本要求。作用方向与地下工程结构的纵轴方向斜交的水平地震作用，可分解为横断面上和沿纵轴方向作用的水平地震作用，二者强度均将降低，一般不可能单独起控制作用。因而对其按平面应变问题分析时，一般可仅计算沿结构横向的水平地震作用。研究表明按平面应变问题进行抗震计算的方法一般适用于离端部或接头的距离达 1.5 倍结构跨度以上的地下工程结构。端部和接头部位等的结构受力变形情况较复杂，进行抗震计算时原则上应按空间问题进行分析。结构型式、土层和荷载分布的规则性对结构的地震反应都有影响，差异较大时地下结构的地震反应也将有明显的空间效应的影响，因此即使是抗震设防烈度为 7 度的、外形相仿的长条形结构，必要时对其也宜按空间结构模型进行抗震计算和分析，包括考虑计及竖向地震作用。采用土层-结构时程分析法或等效水平地震加速度法计算地震反应时，土、岩石的动力特性参数的表述模型及其参数值宜由试验确定。本条改自《建筑抗震设计规范》（GB 50011—2010）第 14.2.3 条的条文及条文说明。

6.3.6 抗震验算的补充规定

6.3.6 地下工程的抗震验算，除应符合本规范第 4 章的要求外，尚应符合下列规定：

1 应根据预期的设防目标，进行第一或第二水准地震作用下的构件截面承载力和结构弹性变形验算。

2 应根据预期的设防目标，进行第三水准地震作用下的弹塑性变形验算。

3 液化地基中的地下工程，尚应进行液化时的抗浮稳定性验算。

【编制说明】

本条明确了地下工程抗震验算的基本要求。一般情况，应进行多遇地震作用下截面承载力和构件变形的抗震验算，并假定结构处于弹性受力状态。对甲、乙类地下工程，应进行设防地震作用下截面承载力和构件变形的抗震验算，并也假定结构处于弹性受力状态。罕遇地震作用下混凝土结构弹塑性层间位移角限值［θp］宜取 1/250。在有可能液化的地基中建造地下工程结构时，应注意检验其抗浮稳定性，并在必要时采取措施加固地基，以防地震时结构周围的场地液化。经采取措施加固后地基的动力特性将有变化，宜根据实测液化强度比确定液化折减系数，用以计算地下连续墙和抗拔桩等的摩阻力。本条改自《建筑抗震设计规范》（GB 50011—2010）第 14.2.4 条的条文及条文说明。

6.3.7 顶板、底板以及楼盖的基本构造要求

6.3.7 地下工程的顶板、底板和楼板，应符合下列规定：

1 当采用板柱-抗震墙结构时，无柱帽的平板应在柱上板带中设构造暗梁。

2 地下工程的顶板、底板及各层楼板的钢筋锚入长度应满足受力要求，并应不小于规定的锚固长度。

3 楼板开孔时，孔洞宽度应不大于该层楼板典型宽度的 30%；洞口周边应设置边梁或暗梁。

【编制说明】

本条明确了地下工程顶板、底板以及楼盖结构的基本构造要求。为加快施工进度，减少基坑暴露时间，地下工程结构的底板、顶板和楼板常采用无梁肋结构，由此使底板、顶板和楼板等的受力体系不再是板梁体系，故在必要时宜通过在柱上板带中设置暗梁对其加强。为加强楼盖结构的整体性，提出第2款为加强周边墙体与楼板的连接构造的措施。水平地震作用下，地下工程侧墙、顶板和楼板开孔都将影响结构体系的抗震承载能力，故有必要适当限制开孔面积，并辅以必要的措施加强孔口周围的构件。本条改自《建筑抗震设计规范》(GB 50011—2010) 第14.3.2条的条文及条文说明。

6.3.8　抗液化要求

> **6.3.8　地下工程周围土体和地基存在液化土层时，应采取下列措施：**
>
> **1　对液化土层采取消除或减轻液化影响的措施。**
>
> **2　进行地下结构液化抗浮验算，必要时采取增设抗拔桩、配置压重等相应的抗浮措施。**

【编制说明】

本条明确了地下工程抗液化基本要求。对周围土体和地基中存在的液化土层，注浆加固和换土等技术措施常可有效地用于使其消除或减小场地液化的可能性。而在对周围土体和地基中存在的液化土层未采取措施消除或减小其液化的可能性时，应考虑其上浮的可能性，并在必要时对其采取抗浮措施。鉴于经采取措施加固后地基的动力特性将得到改善，对抗浮措施的有效性进行验算时，应根据实测液化强度比或由经验类比选定的液化强度比确定液化折减系数计算地下连续墙和抗拔桩等的摩阻力。本条改自《建筑抗震设计规范》(GB 50011—2010) 第14.3.3条的条文及条文说明。

6.3.9　穿越潜在震陷区或滑动区的基本要求

> **6.3.9　地下工程穿越地震时岸坡可能滑动的古河道或可能发生明显不均匀沉陷的软土地带时，应采取更换软弱土或设置桩基础等防治措施。**

【编制说明】

本条明确了穿越潜在震陷区或滑动区的基本抗震措施。震陷或滑落等严重的地面变形对地下工程的破坏往往是致命的，对于穿越潜在震陷区或滑动区的地下工程，除了要加强结构本身的刚度、强度和整体性外，尚应采取必要的地质灾害防治措施。本条改自《建筑抗震设计规范》(GB 50011—2010) 第14.3.4条的条文及条文说明。

6.3.10 岩石中地下工程的抗震要求

6.3.10 位于岩石中的地下工程，应采取下列抗震措施：

1 口部通道和未经注浆加固处理的断层破碎带区段采用复合式支护结构时，内衬结构应采用钢筋混凝土衬砌，不得采用素混凝土衬砌。

2 采用离壁式衬砌时，内衬结构应在拱墙相交处设置水平撑抵紧围岩。

3 采用钻爆法施工时，初期支护和围岩地层间应密实回填。干砌块石回填时应注浆加强。

【编制说明】

本条明确了岩石中地下工程的基本抗震措施要求。汶川地震隧道震害的调查表明，断层破碎带的复合式支护采用素混凝土内衬结构时，地震作用下内衬结构有可能严重裂损并大量坍塌，而采用钢筋混凝土内衬结构的隧道口部地段，复合式支护的内衬结构却仅出现裂缝，表明在断层破碎带中采用钢筋混凝土内衬结构的必要性。本条改自《建筑抗震设计规范》(GB 50011—2010) 第 14.3.5 条的条文及条文说明。